深圳·园林设计廿年

实践篇

SHENZHEN
LANDSCAPE DESIGN OVER
SCORE YEARS: PRACTICE

何昉 主编

CHIEF EDITOR : HE FANG

中国城市出版社
CHINA CITY PRESS

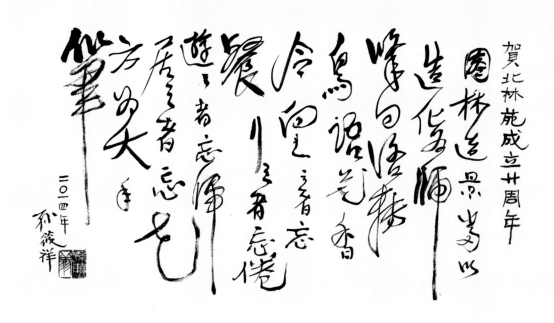

中国现代风景园林之父、世界杰里科爵士金质奖获得者孙筱祥教授题词

综合效益化
诗篇景百文
心入调天相
地借景彰地
宜景以境出
位世心仙

甲午年于深圳端阳

诗赞中国园林艺术与参加中国风景园林传承与创新之路暨孟兆祯院士学术思想论坛同业们共勉

孟兆祯
时年八十有十

中国工程院院士孟兆祯教授题词

南海城創千秋業
北林苑紀貳拾年

北林苑成立之十周年紀念 甲午丙午端陽 孟兆禎賀

中国工程院院士孟兆祯教授题词

中国风景园林学会终身成就奖获得者刘管平教授题词

本书编委会

主　　编：何　昉

执行主编：叶　枫　徐　艳　夏　媛

编　　委（按姓氏笔画排序）：

王　涛　王永喜　方拥生　叶　枫　宁旨文　庄　荣　池慧敏　李　勇

李　辉　李颖怡　李燕娜　杨如轩　杨政华　杨凌遂　肖洁舒　何　昉

张　珍　张　莎　陈新香　林　嵘　周　璇　周亿勋　周晓瑜　赵伟康

胡　炜　洪琳燕　夏　兵　夏　媛　徐　艳　徐剑琳　章锡龙　锁　秀

蔡锦淮　谭袁媛

序

在党中央的感召下，全国支援深圳的城市建设。各地区的著名规划设计单位，包括全国有名的高等院校都投入到这项宏伟的建设。我们是最早来深圳的建设队伍之一，大约是1982年年底，在孙筱祥教授率领下含三辈人出动。孙先生是老一辈，我和白日新先生、黄金锜先生、杨赉丽先生是中辈，何昉、陈开树二君是青辈。孙先生在相地和定性定位方面为深圳市仙湖植物园选址奠定了指导性的理论基础，提出将仙湖植物园建设成为风景植物园的设想，定性为"以风景旅游为主，科研、科普和生产相结合的风景植物园"，后由我主持总体规划设计，白、黄、杨三位先生通力合作完成了总平面和主要景点的设计，由何昉君担任设计代表，陈开树君担任建设方代表，很好地完成了现场工作。何昉君不但参与设计工作，而且按图施工，精工要求，使今日之仙湖药洲生机盎然，令人有"虽由人作，宛自天开"之想。我们对能为深圳市建设尽一臂之力感到幸福，1993年仙湖被评为深圳市优秀工程设计一等奖，这是深圳人民对我们的鼓励。

1992年邓小平同志南巡来到仙湖植物园，由心地称赞"这里的风景真优美"，并在仙湖种下一株生命力旺盛的榕树。深圳乃至全国掀起园林建设高潮。时任仙湖植物园副主任陈潭清主动打电话邀请何昉老师赴深，并初步提议能否请北林大在深圳设点规划设计部，持续支持深圳园林建设。

当时我本人担任北林大风景园林系系主任，也积极支持和建议何昉老师赴深圳设点，并得到时任校长沈国舫（现为中国工程院院士）教授和后任园林学院院长张启翔（后为北林大副校长）教授的同意和支持，由时任校办公室主任的胡汉斌（后担任校党委书记）签章同意。1992年何昉老师与黄金锜教授先带林箐、张嵘、林俊英等学生赴深作毕业设计；1993年初何昉怀揣3000块钱工资再次来深，经过不懈努力终于一年后正式建立北京林业大学园林规划建筑设计院深圳分院。

建院之初，分院发展经费多次难以为继，顺利完成了深圳莲花北住区景观、麒麟山庄（迎香港回归国宾馆）环境景观、梅林一村住区景观。1999年元旦启动大梅沙海滨公园和中心公园两个深圳"十大民心工程"项目的规划设计，项目质量得到深圳市领导认可，并成为时任国家领导人的视察选点。由此设计院发展逐渐趋稳，并开始迅速拓展。

在深圳创建设计院，是北林大作为一所著名高校，利用风景园林学科优势、开展"产学研"一体化工作的中国第一次实践，具有里程碑意义。从此，每年有不少北林学生来深实习，这对推动教学改革，提高教师积极性都起到重要作用。何昉老师在完成教学任务同时，还承担了设计院技术和管理工作，确保事业蒸蒸日上，于1999年被破格提升为正教授。不久，原深圳分院亦改制并完成了属地化及股份制管理。进入21世纪，设计院充分利用自身的高校背景及技术和人才优势，深入研究市场需求，制定加强设计院的战略，在中国这个具有悠久文明的伟大国度中，率先成为审美观和价值观广为东方文化所接受的原创设计师团队。

值中国风景园林传承与创新之际，设计院迎来了"10+20"院庆，并将30年作品结集出版，以飨读者。作为见证人，我愿意将这一份份档案、一幅幅图片，推荐给大家，它将我们重新带回那些难忘的激情岁月，带给我们一代风景园林人观念的改变和中国风景园林发展洪流的中坚影像。这应是青春北林苑一个崭新的起点，是中国新一代风景园林人的起点。

目前中国梦成为全民振奋共筑的前景，中央主持的城镇化会议和文化艺术会议，明确了以服务人民为中心的方向，天人合一，尊敬自然，把自然山水融入城市，让市民望得见山，看得见水，记得住乡愁，在国土上大力推进绿化建设。我们当脚踏实地、苦练本领，在高原上再攀登高峰。

孟兆桢

目录 contents

3 / 079 展览园林和主题公园

4 / 103 城市开放空间

5 / 127 滨水空间和道路景观

9 / 251 风景园林规划

10 / 275 城镇总体规划与城市设计

11 / 289 生态保护与规划

12 / 297 竞赛

I

城市公园

深圳仙湖植物园规划设计

项目规模：2004版总规面积553hm²，2014版总规面积676hm²
设计时间：1983～2015年
项目获奖：建设部优秀设计三等奖、广东省岭南特色规划与建筑设计金奖、深圳市优秀工程设计一等奖

深圳市中国科学院仙湖植物园位于深圳市罗湖区东郊，东倚深圳第一高峰梧桐山，西临深圳水库，始建于1983年，1988年5月1日正式对外开放，是深圳市唯一进行植物学基础研究、开展植物多样性保护与利用等研究工作的专业机构，也是梧桐山国家级风景名胜区的重要组成部分，承载着植物科普、物种保育、园林风景游赏等功能。

仙湖植物园于20世纪80年代开始筹建，历经多年发展，逐步成熟完善，知名度显著提升，并于2008年5月成为中国科学院与深圳市政府合作共建植物园，并加挂"深圳市中国科学院仙湖植物园"铭牌。回顾三十余年发展历程，仙湖植物园发展大致可分为创立期、稳定期、发展期、成熟期四个阶段。

1. 创立期（1982～1988年）

1982年4月深圳市筹建植物园，选址在莲花山，1983年1月成立深圳市莲花山植物园筹建办公室，此为仙湖植物园的前身，同时，北京林学院（现北京林业大学）风景园林规划设计专家孙筱祥教授和中国科学院华南植物园唐振缉教授等10人受深圳市政府邀请，组成规划设计小组就植物园的选址进行专项考察与调研，发现莲花山现状条件难以符合建设风景植物园条件，而深圳水库以东的大坑塘场地内地形起伏较大，也有丰富的微地形，山涧溪流终年不竭，现状植物种类丰富，为植物的生长提供了丰富生境，遂建议将莲花山植物园选址改为深圳水库以东的大坑塘（深圳林场内），并定名仙湖植物园，同年8月，深圳市政府将园址从原来的莲花山迁至深圳水库以东的深圳林场内，园区名称亦由深圳市莲花山植物园更名为深圳市仙湖植物园，正式启动现园区建设。

孙筱祥先生在相地和定性定位方面为深圳市仙湖植物园选址奠定了指导性的理论基础，提出将仙湖植物园建设成为风景植物园的设想，定性为"以风景旅游为主，科研、科普和生产相结合的风景植物园"，后由孟先生主持总体规划设计，白日新、黄金锜、杨赍丽等教授教师通力合作完成了总平面和主要景点的设计，唐学山、梁伊任等中年教师、何昉等青年教师和研究生参加了设计工作并由何昉本人担任设计代表。

1983年，最初仙湖用地初步确定为约一万亩，为当时全国最大面积的植物园，后成立的市规划局确定总面积574.3hm²。1986年，仙湖植物园完成主要景点试开放，一期工程约3000亩，建成仙湖、药洲、芦汀乡渡、山塘野航、竹苇深处等景区景点，之后又陆续完成竹园区、棕榈区、大花乔木区等多个专类园。

2. 稳定期（1988～1992年）

1988年5月1日正式对外开放时，仙湖植物园首期建设基本完成，新增百果园、水景园等专类园和十一孔桥等景区景点，引种各类植物（含野生植物）近2000种，成为当时深圳市最大的公园。

3. 发展期（1992～2004年）

1992年1月22日，邓小平同志参观仙湖植物园并植树留念，国家主席杨尚昆同日到访，邓小平同志不由称赞"这里的风景真优美"。

邓小平同志的南巡，给仙湖植物园带来了前所未有的大建设机会。全园建设在孟兆祯先生编制的总体规划指导下如期进行，新建一批高品质专类园，同步完善各类景区景点，游赏空间与范围不断扩大，游客接待能力

长足提升。截至2004年，植物园共分为湖区、化石森林、庙区、沙漠景区、松柏杜鹃景区、天上人间六大景区，建有芦汀乡渡、山塘野航、竹苇深处、揽胜亭、听涛阁、龙尊塔、两宜亭、药洲、回归纪念林、逍遥谷、名人植树区等园林景点以及葵林棕风（棕榈园）、竹区、余荫蕴碧（荫生植物区）、化石森林、百果园、曲港汇芳（水生植物区）、裸子植物区、国际苏铁保存中心、盎然情趣（盆景园）、珍稀树木园、木兰园、桃花园、引种保存区及药用植物园等十几个植物专类园，保存植物已达四千多种。此外，全国第一座以古生物命名的"深圳古生物博物馆"也落户仙湖植物园化石森林景区。

其中，1989年至1991年，重点建设天上人间景区，该景区占地面积约13.3hm²，包括天池、荫生植物区、珍稀树木园等景点，于1991年12月正式建成对外开放；1992年，裸子植物区、国际苏铁迁地保存中心相继建成，同时，以弘法寺建筑群为核心的庙区建成并举行开光仪式；1993年开始筹建沙漠植物区，占地面积约2hm²，1995年"五一"正式对外开放。1997年龙尊塔景点、盆景园、孢子植物区相继建成并对外开放；1999

年，化石森林景区建成并对外开放；2000年药用植物园建成。

4. 成熟期（2004年至今）

2004年《仙湖植物园总体规划（2004～2014）》获得市规划局批准，规划面积553hm²，规划按照结合风景园林并要创造特色的思想，再次完善建设风景植物园的构想，将普及植物科学的内容融汇到风景游览之

1984～1985版规划总平面图

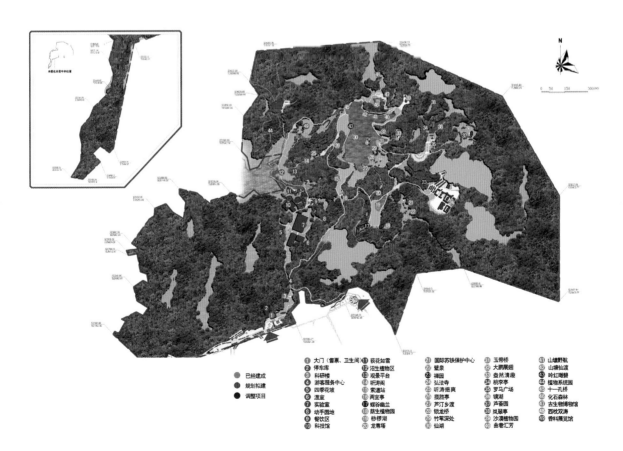

① 大门（售票、卫生间）　⑪ 获花如雪　　　㉑ 国际苏铁保护中心　㉛ 玉带桥　　　　㊶ 山塘野航
② 停车库　　　　　　　⑫ 沼生植物区　　㉒ 璧泉　　　　　　　㉜ 大鹏展翅　　　㊷ 山塘仙渡
③ 科研楼　　　　　　　⑬ 观景平台　　　㉓ 裸园　　　　　　　㉝ 盎然清趣　　　㊸ 吩红暗馨
④ 游客服务中心　　　　⑭ 听涛阁　　　　㉔ 弘法寺　　　　　　㉞ 桃李亭　　　　㊹ 植物系统园
⑤ 四季花坡　　　　　　⑮ 索道站　　　　㉕ 听涛揽真　　　　　㉟ 罗马广场　　　㊺ 十一孔桥
⑥ 温室　　　　　　　　⑯ 两宜亭　　　　㉖ 揽胜亭　　　　　　㊱ 镜湖　　　　　㊻ 化石森林
⑦ 实验室　　　　　　　⑰ 蝶谷幽兰　　　㉗ 芦汀乡渡　　　　　㊲ 芦荟园　　　　㊼ 古生物博物馆
⑧ 动手园地　　　　　　⑱ 荫生植物园　　㉘ 铁龙桥　　　　　　㊳ 岚翠亭　　　　㊽ 西枕双涛
⑨ 餐饮区　　　　　　　⑲ 秒梦湖　　　　㉙ 竹苇深处　　　　　㊴ 沙漠植物园　　㊾ 香料展览馆
⑩ 科技馆　　　　　　　⑳ 龙尊塔　　　　㉚ 仙湖　　　　　　　㊵ 曲港汇芳

● 已经建成
● 规划拟建
● 调整项目

2004版规划总平面图

中，并设有相应的科研用地和设施，规划至2014年全园植物品种数量达1万2千种。在2004版总规思想指导下，仙湖植物园在专类园建设、景点培育、完善配套等方面持续投入，园区品质得以不断提升。如：建设和提升紫薇园、罗汉松园、国际友谊园、国家苏铁种质资源保护中心等专类区，新建植物基因与信息研究中心；在原有植物迷宫的基础上改建成以兰花和蝶园为特色的专类园——蝶谷幽兰；增加以深圳市的市树市花为特色的市树市花园以及收集种类丰富的彩叶植物的彩叶园等植物专类园；2008年5月，中国科学院与深圳市政府签署了"共建仙湖植物园合作备忘录"，并在植物园加挂了"深圳市中国科学院仙湖植物园"的铭牌；期间广泛开展国际学术交流活动，承办2011年第九届国际苏铁类

生物学研讨会，成功申办2017年国际植物学大会，不断开展与国内外其他植物园的合作和交流。

2014年，仙湖植物园启动新一轮的总规修编工作。为打造国际一流植物园，增强科研实验条件和专类园建设，本次仙湖植物园规划依据《梧桐山国家级风景名胜区总体规划（2015～2030）》将102.75hm²林果场用地和4.22hm²园林科研科所用地及周边部分零散用地纳入本次规划范围，仙湖植物园规划范围扩至676hm²，并建设一个世界最先进的观赏温室。此轮规划以尊重现状、并驾齐驱、强化重点、差异发展为指导思想，根据新时代植物园的需求与发展，提出"综合性特色植物园，世界植物收集与研究的区域中心"的规划定位，争创国际一流植物园。

2014版规划总平面图

水景园

盆景园

化石森林

深圳仙湖植物园全景

听涛阁

仙湖塔影

仙湖秋色

惠州植物园

项目规模：总用地面积70hm²，其中一期总用地面积42.81hm²
完成时间：2007年~2008年11月，总体规划
　　　　　2013年5~9月，总规修编
　　　　　2014~2015年，设计

惠州植物园选址于惠州市惠城区西部，东临惠州西湖景区，丰山路以南，坐落于古榕山麓之中。本植物园定位为具有惠州特色的精品景观型植物园，充分挖掘植物与本土文化、植物与动物、植物与人的关系，满足科普科研、生态保育、生态体验、城市名片、市民休闲、历史印记、文化体验等功能。以搜集、保存、保护、开发利用粤东地区植物资源为重点，集科研、科普、游览、休闲功能于一体，兼顾乡土植物保护。突出"小而精"，预收集植物目标5000~6000种。

基址内有"珍珠泉"遗址，据《惠州西湖志》载黄应为记："……（古榕）亭据山腰，峰峦环抱，径曲地偏，禅林最曲折者。东有泉，香洌，深不盈尺，寒冬不竭，泡出石间如珍珠，因名。左有榕，古干参天，一望葱郁，真西湖一胜概也。"古榕亭，苏轼寓惠时曾角巾杖藜

其间，从西湖游船至此品茗于珍珠泉。以此为引，衍生出植物园概念主题"古榕揽胜，惠思泉涌"。"古榕"指基地的古榕山，"惠思"指惠州人杰地灵，文化底蕴深厚，将文化内涵融入造园之中，"泉涌"指恢复珍珠泉涌动的灵气。登高远望，一汪清泉汇聚成湖，清泉流经处，花木扶疏，幽谷叠翠，如同惠思泉涌，滋润若干特色专类园。

园内共划分四大功能分区，包括公共园林区、专类园区、防火生态林区和生态保育区。一期园区规划一轴（自主入口、珍珠湖、珠泉问茶至山顶平台的景观轴线）、一湖（珍珠湖）、两带（滨水景观带、山体休闲带）的景观结构。根据植物生态习性、观赏类型等主题对植物进行分类收集和展示，共有11个专类园（含温室），沿水系及临丰山路一侧布置专类园和游览景点，多样的动植物生境与人文景点相辅相成，构成植物园主

图例
1.入口服务中心　11.蕨生谷　　　21.撷云阁　　　31.秀鸣台
2.珍珠湖　　　　12.蕉园　　　　22.族锦园　　　32.裸子植物园
3.展览温室　　　13.儿童植物园　23.红豆相思园　33.英雄墓
4.亲水广场　　　14.百鸟园　　　24.能源植物园　34.生产区入口
5.台地花园　　　15.藤木园　　　25.大戟芸香园　35.生态停车场
6.草药园　　　　16.杜鹃园　　　26.金缕梅园　　36.科研楼
7.芳香植物园　　17.紫薇园　　　27.香樟木兰园　37.竹园
8.珠泉问茶　　　18.盲人植物园　28.着湾桥　　　38.龙血树园
9.榕园　　　　　19.悠然亭　　　29.山毛榉园　　39.禾草木
10.山茶园　　　　20.醉红坡　　　30.苏木园　　　40.湿地植物园
　　　　　　　　　　　　　　　　　　　　　　　41.观鸟屋
　　　　　　　　　　　　　　　　　　　　　　　42.亲水平台

专类园布局图

生态保育区

廖疗园

藤本园

盲人植物园

生态保育区

冬青科展示园（结合色叶树种）

山茶园

萌生谷

蕉园

杜鹃园

鸟语谷

儿童植物园

紫薇园

红豆相思园

榕园

防火生态林

温室室内效果图

要的游赏景区。其中，以温室、药用植物园、萌生植物园、鸟语谷、盲人植物园、藤本园、儿童植物园和紫薇园为一期建设打造的重点专类园区。温室建筑群设计灵感主要来自"珍珠泉"的典故。花笑过后，一抹珍珠泪，饱含历史记忆。贝，珍珠孕育的载体，体现着对地方文化的传承和发扬。由此将温室的外形提炼成三个撒落在湖边的"珠贝"。温室建筑采用了自洁系统、遮荫系统与自然通风。

本项目建设，填补了惠州市无植物园的空白。通过对地域性植物品种资源（尤其是濒危植物）的保护与展示，结合相关科普宣传教育，能够显著提高公民的科普知识和生态、环保意识。项目建成后给青少年提供一个认识生物、了解自然、科普教育的教学实习基地。植物园内建设的科研区将成为惠州市一处高层次的植物科研平台。

惠州植物园百鸟园鸟瞰图

惠州植物园鸟瞰图

西安植物园新区规划

项目规模：总用地面积43hm²
设计时间：2012年

西安植物园新区选址于西安市东南郊的曲江旅游度假区，基址三面陡坡，顶部为平坦阶地，具有"塬"的当地地貌特征。建成一个一流的植物园首先要看其建园用地是否包含"多样性生境"。如果场地没有高低起伏地形变化；没有丘陵、池沼、溪流、沟谷等山水，只是一块平坦的荒地或耕地，那么很难把它建成一流的"生物多样性"的植物园。所以没有生境多样性，也就没有植物多样性。因此，西安植物园新园区规划的首要战略

北

10   50
0   30   100M

❶ 入口广场
❷ 游客服务中心含办公楼
❸ 停车场
❹ 树木园
❺ 秦岭园
❻ 景观湖
❼ 水景园
❽ 药用植物园
❾ 球宿根园
❿ 岩生植物园
⓫ 濒危植物园
⓬ 丝绸之路植物园
⓭ 儿童植物园
⓮ 牡丹芍药园
⓯ 温室
⓰ 科普馆
⓱ 栈桥
⓲ 专家林
⓳ 繁殖育苗区
⓴ 后勤生活区

总平面图

措施是对新园区基址进行山水地形空间的梳理改造。"原（塬）生境"的规划概念也由此而来。

西安植物园定位为国际视野、西北特色植物精品园，以西北区系植物收集、保存与迁地保护为主，国内外其他植物收集为辅，融科研、科普、景观和休憩为一体，具有科学内涵和一流的园容景观的区域性特色植物园。建成后的西安植物园新园具有四大特色：收集、展示西北区系植物最齐全的植物园；展示秦巴山区、黄土高原野生植物为主的生物多样性；以球根、宿根花卉为主的观赏植物花园；突出"大西安"的历史文脉与植物文化。

逶迤云岩效果图

御沟瑶岭效果图

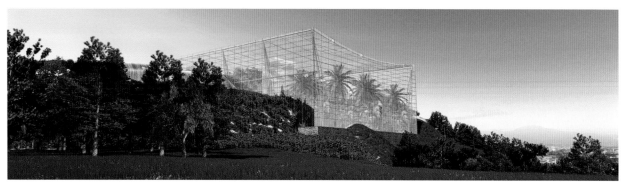

温室效果图

茱萸泮效果图

江西三清山植物园总体规划

项目规模：总面积725.84hm²，其中主园区140.02hm²，控制区586.26hm²
设计时间：2011～2012年

　　江西三清山植物园总体规划以三清山世界自然遗产为依托，以东亚—北美间断分布植被为特色，立足于三清山风景名胜区独特的自然生态格局与地方文化，将三清山植物园打造为面向国内外旅游市场，具有地方人文特色的，集科普展示、观光旅游、文化传播、科学研究等功能为一体的现代风景型植物园。

　　规划遵循植物资源有效保护与适度开发的原则，充分利用自然条件和已有设施，注重建设的实效性，因地制宜地建设和完善植物园植物展示系统及各项基础服务设施。总体规划以科学发展观为指导思想，以展示三清山东亚—北美间断属、苹果亚科、金缕梅科的特色植物

为首要任务，通过对基地各类现状资源进行详细的调研、分析，确定各个功能分区，形成有针对性和可操作性的较为完善的植物园游赏体系。在规划过程中以恢复和发展植物园植被资源为主，兼顾植物园旅游与经济，着力提升三清山植物园的生态、经济及社会价值，实现植物园的全面、协调、可持续发展。

　　以"故事与风景交融的植物园"为概念，借助三清山秀美的自然风光和丰富的道教文化内涵，加入植物园丰富多样的主题展示，融合山水风光、现代生态景观与动感主题项目，打造独具地方魅力的三清山植物园。

　　植物园源于一种乌托邦式的理想，全世界的植物聚

综合管理区及入口主题绿化区
　❶ 主入口及游客服务中心
　❷ 次入口及停车场
　❸ 杜鹃花海
中心游览区
　❹ 景观栈道
　❺ 温室
　❻ 中心广场
　❼ 儿童游乐场
　❽ 太空植物馆
环湖游览区
　❾ 瀑布屏幕
　❿ 水上剧场
　⓫ 滨水栈道
　⓬ 蝴蝶谷
　⓭ 山涧茶室
　⓮ 湿地园
　⓯ 桃园

植物系统展示园区
　⓰ 迷蝶花带
　⓱ 茶花谷
　⓲ 野果缤纷
　⓳ 田野山居
　⓴ 踏雪寻梅
　㉑ 霜叶枫林
山顶游览区
　㉒ 顶峰观光塔
植物康疗区
　㉓ 次入口
　㉔ 停车场
　㉕ 篮球场
　㉖ 照影湖
　㉗ 竹石亭台
　㉘ 芷岸汀兰
　㉙ 国际交流中心

科研生产区
　㉚ 科研实验楼
　㉛ 苗圃
　㉜ 管理用房

经济技术指标			
项目		面积（m²）	所占比例
规划总面积		1400192	100%
建筑	分项	面积（m²）	
	温室	5000	
	游客中心	535	
	科研楼	2325	
	植物园国际交流中心	5313	
	茶室	160	
	水上表演舞台	1400	
	景观塔	400	
	观景亭台廊架	200	
	合计	15333	15333	1.10%
道路	分项	面积（m²）	
	一级车行道	57615	
	二级步行道	1263	
	三级步行道	12368	
	合计	71246	71246	5.09%
停车场	110（个）（包括疗养区及科研区停车场）	2750	2750	0.20%
广场		25538	1.82%
水体		22048	1.57%
绿地		1263277	90.22%

总平面图

集生长在一个特定的空间里，具有科学的内涵和艺术的外貌，三清山植物园最突出的故事体验是通过植物阅读赣东北文化，通过植物的季相变化让游人感受四季的流转、体会生长与收获，感受大自然的变化与生命的轮回，在其中获取知识与灵感，在旅途中阅读另一面的三清山和"植物的故事"。

湖区夜景鸟瞰图

中心游览区鸟瞰图

南昌动物园规划设计

项目规模：52.3hm²；建筑占地总面积：45170m²，动物笼舍32760m²，附属建筑12410m²
完成时间：规划设计2004~2006年，竣工2011年
合作单位：Torre Design Consortium Ltd.、南昌市园林规划设计研究院

　　南昌动物园新区规划根据南昌市的自然地理环境和社会环境，在综合分析世界先进动物园的基础上，确定了以动物地理布局为基调，以动物栖息生态环境为主展空间的复合模式为构成特点的新型布局的城市动物园。

　　园区设计尽量利用已挖掘的水系，以水为载体，河两岸区域及中心岛区域利用五大洲特有的群落展示动物和其栖息环境模式。保留基地中已经成形的树林及部分可利用的大树，结合景观构筑形成良好的景观效果和景观分区。自然生态的展览方式不但增加了参观者的兴趣，使人们对动物生长地及其生态习性有直观的了解，

总平面图

促进和丰富动物的科普教育，同时动物生活于其中很容易适应这种人工营造的生态环境，为动物的饲养、驯化和繁殖提供了良好的环境条件，动物的成活率和繁殖率都得到提高，很好地发挥了动物园应具备的动物易地保护、科学研究和科普教育等职能。

南昌动物园建成后已成为风景优美、设施完备、生态环境良好、景观形象和游览魅力独特的人与动物和谐共处的乐园。作为整个城市片区及大旅游区绿地系统的有机组成部分，南昌动物园为市民和外地游客提供了新的观光休闲目的地，成为南昌市的热点旅游名片之一。同时也极大改善了周边市民的人居环境，带动该片区城市经济发展与基础设施建设。自投入使用以来，南昌动物园先后被授予"全国科普教育基地"与"中国野生动物保护科普教育基地"称号，有效发挥了科研繁育、科普教育、休闲娱乐的功能。

非洲区鸟瞰效果图

　实景照片

实景照片

北京动物园新区规划

项目规模：200hm²
设计时间：2015年9~10月
合作单位：北京中国风景园林规划设计研究中心

动物园是社会公益事业，也是城市的一个窗口，它从某些特定层面反映出一个城市的发展水平和决策层对自然物种的关怀。随着全球经济快速发展，不少物种已经在地球上消亡。如何加强对野生动物特别是濒危珍稀物种的保护，加强对公众特别是青少年的科普宣传教育，提高全民爱护动物、保护环境的意识，是动物园面临的重要任务。因此，动物园肩负着野生动物保护、公众科普教育、科学研究、参观游览等方面的社会使命与功能。动物园的展示是为了教育，而教育是为了保护。

作为国家级动物园，我们希望将崇尚自然的中国山水园林格局与动植物生境营造相结合，实现身临其境的"沉浸式"动物展示，并满足野生动物"五项自由"的福利需求。动物展区着眼于全球物种丰富的热点生态区域动物生境为展示蓝本，为游客打开探寻世界动物的"自然之窗"，以此传递动物关爱与物种多样性保护意识。正所谓"禾山凝秀，地灵境胜，珍禽异兽，猛出凡笼"，动物生境、山水画境、园林意境相融，这将是沉浸于山水间的新万牲之园！

国宝区
1. 国宝去出入口
2. 金丝猴展区
3. 朱鹮展区
4. 熊猫室外展区
5. 熊猫室内展馆

非洲区
1. 非洲去出入口
2. 狮山展区
3. 猩猩馆
4. 综合服务区
5. 河马展区
6. 非洲象展区
7. 非洲草原动物展区

美洲区
1. 美洲区出入口
2. 美洲区雨林馆
3. 猫科动物室外展区
4. 北美洲动物展区
5. 综合服务区
6. 中美洲动物展区
7. 安第斯山动物展区

中国区
1. 入口广场
2. 西双版纳动物展区
3. 综合服务区
4. 东北虎展区
5. 青藏高原动物展区
6. 猿猴展区
7. 西南山区动物展区
8. 新疆-蒙古动物展区
9. 东北寒温森林动物展区
10. 两栖爬行动物室内展馆
11. 长江中下游动物展区
12. 亚洲区出口
13.

大洋洲与亚洲区
1. 大洋洲与亚洲区出入口
2. 海狮企鹅馆
3. 树栖动物展区
4. 大洋洲草原动物展区
5. 大洋洲与亚洲区雨林馆

极地管区
1. 环境可持续发展中心
2. 自然博物馆
3. 马达加斯加展区
4. 湿地馆
5. 室外湿地展区
6. 飞禽科教互动区
7. 生物多样性中心

1. 入口广场
2. 售票中心
3. 游客服务中心
4. 自然博物馆
5. 商业服务设施
6. 停车场
7. 次入口广场
8. 管理办公建筑
9. 后勤保障建筑

N

0 25 50 100

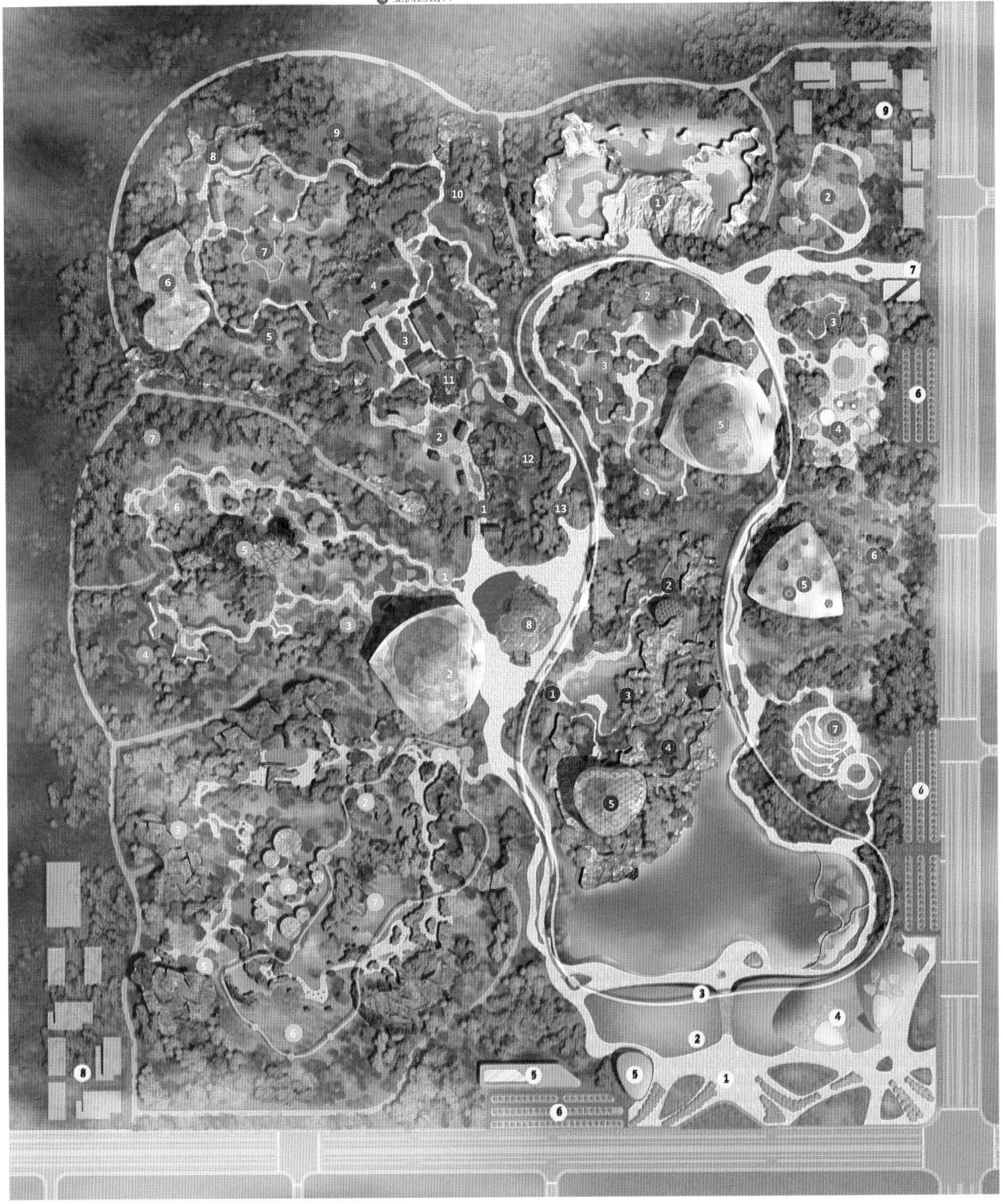

规划总平面图

热带雨林温室效果图

热带雨林区——亚洲象展区效果图

西南山区——食草动物混养区效果图

东北寒温森林区——东北虎展区效果图

美洲区效果图

江西九江动物园概念规划及一期修建性详细规划设计

项目规模：规划总面积1000亩，其中一期建设面积500亩
设计时间：2015年

九江动物园定位为集动物观赏、动物繁育、动物救护于一体，兼具娱乐、休闲、科研、科普等功能，辐射九江市域及周边地区的长江中游区域性动物园。

九江名士陶渊明在《归田园居》中写道："久在樊笼里，复得返自然"。这也正是九江动物园的规划立意所在，即"动物与人的自然回归"，创造区域特色、中外融会、放归山水、悠然栖居的动物园。动物收集展示以本地物种为主，适当融合异地物种，展现动物区域性特色与物种的多样性。规划设计围绕生境培育、功能生长、生物栖息的场地策略展开，利用山石、植被等自然资源构筑全景式、沉浸式动物展示空间。动物展区依山而建、傍谷而居，展现庐山、长江、鄱阳湖三大生境，为游人提供多维度综合体验。

根据设计任务要求，一期范围确保老动物园现有43种124只动物以及新增100种1000只动物的生活空间。配套设施包括儿童4D影院、动物科技馆、动物科学研究所、动物医院、野生动物救护中心、鄱阳湖候鸟救护中心等。

项目	单位	数值	占地比重
规划面积	ha	66.7	100
建筑占地	m²	26600	4.00%
道路	m²	31500	4.70%
广场	m²	12000	1.80%
绿化	ha	53	80%
水体	m²	19000	3%
地面停车场合地下停车场	m²	21000	6%
总建筑面积（含3600m²地下停车场）	m²	32700	
容积率		5	

Ⓐ 鱼类动物展示区
Ⓑ 百鸟谷展示区
Ⓒ 诺亚方舟动物展示区
Ⓓ 食草类动物展示区
Ⓔ 大型猫科类动物展示区
Ⓕ 两栖爬行类动物展示区
Ⓖ 蝴蝶类展示区
Ⓗ 灵长类动物展示区
Ⓘ 熊科类动物展示区
Ⓙ 珍稀动物保护展示区（二期）

01 主入场口广场
02 动物园大门
03 售票处
04 游客服务中心
05 动物科技馆
06 4D儿童影院
07 小型儿童游乐场
08 林荫停车场
09 动物园管理中心
10 动物饲料加工厂
11 动物医院
12 野生动物救护中心
13 鄱阳湖候鸟救护中心
14 动物科学研究所
15 公交及自行车换乘点
16 动物剧场
17 管理专用出入口
18 次入口
19 二期新增出入口

总平面图

区域特色 中外融会 放归山水 悠然栖居
利用山石、植被等资源构筑全景式、沉浸式动物园展示空间，营造动物的悠然栖居与人的安全舒适观赏环境

两栖类、爬行类 | 鱼类、鸟类 | 食草类 | 大型兽类

深圳市水土保持科技示范园规划设计

项目规模：50hm²
设计时间：2008~2009年
竣工时间：2009年
项目获奖：全国优秀工程勘察设计行业奖一等奖、全国人居经典建筑规划设计方案竞赛环境金奖、水利部命名挂牌"水土保持科技示范园区"、教育部和水利部挂牌"全国中小学水土保持教育社会实践基地"、住建部科学技术项目计划科技示范工程项目、"中水万源杯"水土保持与生态景观设计二等奖、广东省优秀工程勘察设计奖一等奖、广东园林学会成立50周年优秀作品评选广东园林优秀作品、国际风景园林师联合会（IFLA）主席奖

城因水丰土沃而兴，城随水枯土瘠而灭。深圳作为中国改革开放的窗口和最先进行城市水土保持实践的城市，曾经大规模的城市开发建设和不合理的推山造地，水土资源一度遭到严重破坏，水土流失加剧。为更好地发挥水土保持的科普教育和示范辐射作用，展示城市水土保持的成果，提高市民的水土保持意识，本着高起点、高标准、新理念的建设方针，深圳率先在全国开展了城市水土保持科技示范园的建设工作。

深圳市水土保持科技示范园选址于深圳市南山区乌石岗废弃采石场，基址具有城市水土保持示范的典型意义，以项目的棕地特征为出发点，多角度实现场地的景观生态复兴，为久居都市的城市居民提供一处体验"慢生活"、"绿生活"的场所。这里不仅仅是一处公园，更是了解水土知识、体会人与自然和谐之道的科普教育平台。

设计遵循因地制宜、因山就势的原则，利用乡土原生与废弃材料，进行场所的景观与生态修复改造，实现

总平面图

鸟瞰图

集展示、教育与实验、科研于一体的户外课堂和开放式公园，景观化地实现了废弃场地的复兴和激活。

设计理念以水土文化为主线，对中国传统文化中的五土、五行理念做了着重的阐述，规划建设了抽象表达水土元素的蚯之丘、土厚园、木华园、金哲园、水清园主题园区和景点，以景观园林化的手法介绍了各种城市水土保持的技术方法体系。以形象的方式描绘了"水—土—生命"三者之间的关系，增加了一系列水土保持措施的公众参与性和科研性，景观化地实现了废弃场地的复兴和盘活。使公众在轻松自然的鸟鸣蛙叫中，了解人与自然平衡相处之道。

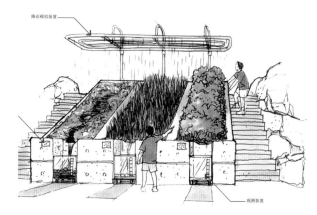

水土流失模拟

在优美的山林自然环境中有序地设置了各种城市水土保持科普展示设施。区别于教科书的刻板教学，通过装置改进、亲手操作，将户外教育、互动参与、模型展示紧密结合，使大众清晰直观地了解水土资源对于人居环境的重要性。

园内中国第一家城市水土保持科普教育的4D影院，针对中小学生和普通市民，通俗易懂地讲解发生在身边的故事，在通过声、光、电等手段的再现，使观影者感同身受，从而激发对水土资源保护的思考，进而亲身践行各种绿色低碳行动，实现理想城市的最终诉求。

在深圳快速城市发展进程中，由于大规模的开发建设和推山造地、采石取土，水土资源一度遭到破坏，水土流失不断加剧，导致一系列严峻的城市水土保持问题。深圳水土保持科技示范园所选址的乌石岗废弃采石场正是遗留下来的典型水土创伤之一。在这样一块场地上来创作水土保持科技示范园不仅实现了景观生态修复，而且对于弘扬水土文化、展示水土保持技术、宣教水土知识具有极大的综合效益和示范作用。

由于城市问题的复杂性，其水土工作成为水土保持、生态恢复、风景园林等学科交叉的一个综合领域。本项目规划设计全过程以"景观水保学"这一新兴学术理论为指导，通过景观、生态、水保的综合手段多维度实现场地的复兴。这里不仅仅营造了一处环境优美的公园，更是体会人与自然和谐之道的平台，希望借此增强市民"敬畏自然、尊重土地"的意识，最终实现"土返其宅，水归其壑，草木归其泽"的生态文明之梦。

深圳市水土保持科技示范园作为一个全天候、纯自然的风景园林开放大课堂自2009年10月正式开园以来，已接待社会各界参观人员3万多人次。并成功成为中国教育部中小学生教育社会实践基地、中国水利部水土保持科技示范基地等荣誉称号，2010年度，获得第十届全国人居经典环境金奖。来此的公众均能感受在跋山涉水中呼吸绿色，在动手试验中亲近水土。

利用废弃铁板改造旧建筑成的金哲园

新疆维吾尔自治区乌鲁木齐县西白杨沟水土保持科技示范园

项目规模: 10.3hm²
设计时间: 2011年10月~2015年4月

新疆乌鲁木齐西白杨沟水土保持科技示范园位于新疆维吾尔自治区乌鲁木齐县西白杨沟。场地地势西北高,东南低,场地大部分为缓坡区,西北部为陡坡区,地势较陡。

该园集科研、科普、示范等多种功能于一体,遵循"生态优先、最小干预、注重文化、以人为本、可持续发展"的原则。通过景观改造、水土保持措施营建、生态建设等各种措施,使园区内的科普文化、试验研究、景观构成、植物资源等得到丰富和完善,并为进一步开展干旱区水土流失研究提供强有力的技术支持。示范园区的建设对普及水土保持知识、增强市民的水土保持意识、颂扬传统水土文化、促进水土资源的可持续利用和水土保持事业的科学发展具有重要意义。

总体布局分为小流域沟道治理区、科研试验区、水土保持治理措施示范区、科普展示区、服务管理区。近期建设范围主要为园区基础设施与监测实验室,包括入口、园区车行路、停车场、冲沟治理区、监测实验室、风蚀观测场、径流小区、人工模拟降雨、围栏、解说系统及相关基础设施等。中期建设范围主要是水保科技园科普展区,具体包括展厅、植物园、厚土园、沙障展示、鱼鳞坑、水平沟种植、木谷坊、石谷坊、气象站、各景观园等。远期建设范围主要是大型建筑,主要包括风洞实验室、综合服务楼、坡顶栈道等。

该项目将成为新疆维吾尔自治区水土保持发展与交流的平台;成为水土流失治理工艺技术的展示窗口,一个国内外先进治理经验的集聚地,一个寓教于乐的大课堂,通过这种技术的交流、理念的创新,为新疆维吾尔自治区水土保持工作的开展开辟更广阔的空间。

园区鸟瞰图——荒漠中的小绿洲

冲沟防护——对比展示

通过对冲沟驳岸的防护措施，形成生态型护岸，防止洪水冲刷沟岸，阻止沟岸进一步扩散，同时营造植被景观，与对岸未治理的沟岸形成对比。

厚土园——土壤层的展示

在植物园北面营造厚土园，垒土成丘，通过博土丘侧面展示土壤的层次肌理，让游人对土壤的认知更为直观。土丘上种植植物，营造独特景观

"木"之景观园——荒漠中的生命历程

"木"之景观园位于水土植物园西部，四周以独具地域特色的葡萄房砖墙围合，在开阔的园区中营造内部景观。景观园以"木"为主题，园中营造新疆特色的木化石与枯胡杨，向人讲述荒漠植物的生命历程，阐释植物对于新疆水土保持的重要性

深圳市莲花山公园

项目规模：180.57hm²
设计时间：2002～2010年
项目获奖：广东省岭南特色规划与建筑设计银奖、深圳市30年30个特色建设项目

莲花山公园地处深圳市福田中心区北端，与市民中心、少年宫、音乐厅等大型公共建筑隔街相望，成为中心区的一道绿色背景，是国家重点公园和爱国主义教育基地。邓小平同志铜像矗立于公园主峰的山顶广场，这里是深圳广大市民和国内外来宾缅怀一代伟人风采、眺望深圳市景的著名景点。自1997年开放以来，莲花山公园经过多年建设，已成为市民开展登山踏青、放飞风筝等休闲娱乐活动的城市"绿心"。

三十年筚路蓝缕，三十年风雨兼程，深圳"拓荒牛"们以敢为天下先的气概，创造了世界工业化、城市化、现代化史上的奇迹，一座生机勃发的现代新城平地崛起，成为改革开放的成功典范和中国特色社会主义的生动诠释。在高速发展的深圳中心区留下莲花山公园这片城市"绿心"，反映了深圳城市建设的高瞻远瞩与生态文明之梦。莲花山公园在"公园之城"的绿色版图上有着区位的重要性与时代的纪念性。在中国城市建设继续朝着高密度的方向发展时，"同存共居"成为莲花山公园重建的强劲理念，也是一个重要元素。包括城市在内的生态系统，其平衡需靠有机生命体之间相互适应的关系来获得。群落交错区是两个群落在一起组成丰富的共生关系。莲花山公园正是都市生活与自然进程相互交错而创造出互利互惠的园景例证。人与自然的和谐共存为深圳市民创造了一个"活的博物馆"，希望莲花山公园的建设能为飞速发展的深圳带来人与自然的和谐共存。

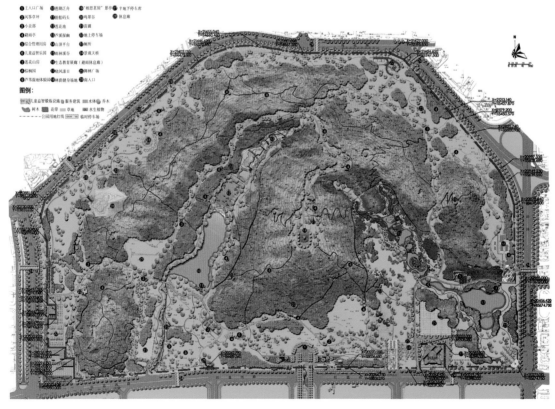

规划鸟瞰图

　　莲花山公园除了营造富有地域特征的自然景观之外，还具有政治性与时代性。在这里，邓小平纪念广场、深圳经济特区建立30周年纪念园、市花园这些极具时代特征和纪念意义的景点与公园整体景观融为一体，使得莲花山公园成为自然与人文景观俱佳的深圳代表性公园。

　　2010年，深圳经济特区成立30周年，岁月峥嵘，深圳走过了不平凡的历程，为纪念这一特殊时刻，市委市政府决定在莲花山公园建设"深圳经济特区建立三十年纪念园"，作为向改革开放30周年的献礼，并对公园主入口（以下称南大门）区域进行改造提升。

　　纪念园设计巧借公园已有葱茏植被及山水美景，因势成园。以园中园为视角，以"流动的乐章"为灵魂，以小中见大的布局讲述了一座改革之城的巨变，唱响深圳这一气呵成的30年，展现伟大的特区事、特区人与特区精神。以"三段浮雕景墙、三首特区之歌、三十棵纪念树"凝固而又生动的主题元素谱出特区和谐乐章。

　　南大门设计取意"改革开放之窗"，"中国红"的大跨度钢架结构体系，扎根于莲花沃土，拔地而起，遒劲有力，以折线形式一气呵成蜿蜒成两个别致门框，充满流线灵动又饱富阳刚，隐喻了深圳30年改革开放的先锋之旅，同时向人们打开透视"深圳记忆"，展望"深圳未来"的窗口，为而立特区带来一派绚红和希冀。

　　市花园以市花"簕杜鹃"为主题，采用错落有序的自然生态式搭配，形成多花色、多品种的"市花海洋"，展现深圳年轻、活力、热情的城市形象。结合簕杜鹃花廊、花台、花桥、花溪等景观元素，通过簕杜鹃的多样种植形式呈现永不落幕的簕杜鹃花展。

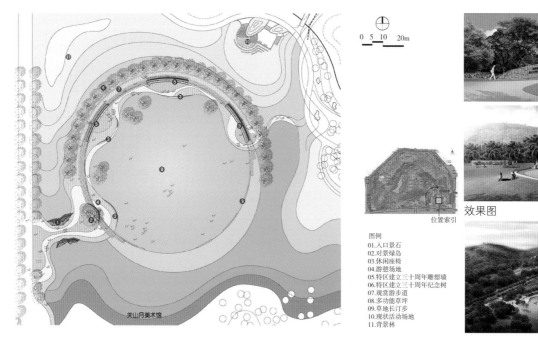

三十周年纪念园总平面图

位置索引

图例
01.入口景石
02.对景绿岛
03.休闲座椅
04.游憩场地
05.特区建立三十周年雕塑墙
06.特区建立三十周年纪念树
07.观赏游步道
08.多功能草坪
09.草地长汀步
10.现状活动场地
11.背景林

效果图

鸟瞰图

三十周年纪念园榕树步道

三十周年纪念园浮雕景墙

三十周年纪念园入口

三十周年纪念园入口对景

市花园滨水步道

市花园景桥

"饮水思源"林间场地

观景体验栈道

生态公厕一隅

"问源"井

亲水体验块石汀步

雨林溪谷—生态净水湿地

公园南大门

深圳湾公园东西段规划设计

项目规模：东段9.6km，108hm²；西段6.6km，23hm²
设计时间：东段2004~2009年，西段2014~2016年
竣工时间：东段2011年，西段预计2017年
合作单位：东段：中国城市规划设计研究院深圳分院、美国SWA集团、深圳都市实践设计有限公司、深圳市勘察研究院有限公司等
　　　　　西段：美国SWA集团、中国城市规划设计研究院深圳分院、中交水运规划设计院有限公司、长江航运规划设计院等
项目获奖：全国优秀工程勘察设计行业奖一等奖、全国优秀城乡规划设计奖一等奖、广东省岭南特色规划与建筑设计银奖、广东省优秀
　　　　　工程勘察设计奖一等奖、广东园林学会成立50周年优秀作品评选广东园林优秀作品、国际风景园林师联合会（IFLA）杰出
　　　　　奖、美国风景园林师协会德州分会荣誉奖

深圳自古以来是一个"多湾"城市，深圳湾、大鹏湾和大铲湾共同构成了深圳与香港的城市边界和滨海自然形态。随着深圳城市建设以惊人的速度发展，各种城市建设活动改变了该地区原有的自然海湾特征，原本丰富曲折多变的自然岸线变成了平直僵硬的人工岸线，使得该地区的空间趣味性和自然属性不断丧失。

深圳湾滨海休闲带的建设目标，是构筑一个形态完整、功能完善的生态体系——环深圳湾大公园系统和一个概念明晰的公共滨海地带，实现人类与大自然的亲密

"连接"。因此如何还原湾区最初的本色，体现传承、与时俱进的岭南文化是我们的重要任务，深圳湾公园由此而诞生。

深圳湾公园按建设时序分为东西两段，东段东起红树林海滨生态公园，西至深圳湾口岸南海堤，规划总面积108万m²。项目规划有13个不同主题的区域公园，并通过完善的景观系统、步行系统、自行车系统和游憩设施系统将其串联在一起。通过实施深圳湾滨海休闲带项目，对深圳湾沿岸的生态系统予以全面修

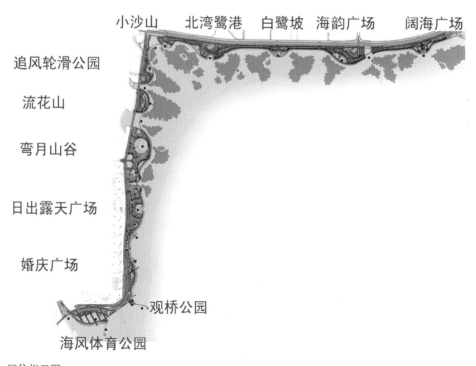

区位指示图

鸟瞰效果图

复，实现可持续发展。建成后的深圳湾公园集城市日常性文化、运动、旅游、休闲等功能于一体，成为市民欣赏城市滨海景色的"观景台"和展示现代滨海城市特色和城市形象的"展示牌"。东段自2011年开园至今，深圳湾公园日平均接待游客2～3万人，节假日接待游客人数高达20万人。建成后深圳湾公园在深圳乃至珠三角范围获得社会民众的广泛认可和好评，为市民和游客提供了集休闲娱乐、健身运动、观光旅游、体验自然等多功能的活动区域，更成为展现深圳现代滨海城市魅力和形象的标志。2013年在"深圳公园之最"的公众评选活动中深圳湾公园获得6个奖项之最，该项目也先后在国内外业界获得众多奖项，并摘得由国际风景园林师联合会（IFLA）评选的第九届风景园林奖设计类杰出奖。

2014年深圳湾滨海休闲带西段（以下简称西段）建设启动，东起中心河口，西至海上世界延长公园，全长约6km。深圳湾西段位于南山蛇口地区，自古多湾，结合空间形态及城市腹地功能，休闲带西段建设秉承深圳湾总体规划建立的理论框架，以滨水空间塑造为核心，提出活力多湾的概念，从东至西，由自然公园、望海之窗、休闲街区、城市前庭、渔港文化公园、码头公园六个景观特征区段，完成由已建成东段公园自然疏朗

的景观氛围，逐渐过渡至城市魅力体验。

多年的填海造地改变了深圳原始岸线的位置和形态，休闲带西段景观设计强调具有生态效能的"都市自然"手法，通过对现状狭窄线性空间的高效利用，合理布局自行车系统及滨海步道，实现人车分流，提升游人滨水体验；场地中一系列形态有机、造型轻盈的景观微丘，呼应背景自然天际线，组织步道广场体系，软化僵直岸线，提供多元、不同高程上的观景休闲场所，唤醒游人对场地原本依山傍海的记忆。休闲带西段的历史岸线在多年填海之后被隐藏在腹地中，城市生活与滨海空间被阻断，景观设计通过内陆向滨水延伸的廊道，输送精彩的城市养分，激活一度被填海隔绝的岸线生活。滨海休闲带西段的设计旨在揭示区域人文基因，彰显滨海生活主题，打造兼具城市生态修复功能的滨海魅力空间。

深圳湾公园提供丰富滨海场所体验来满足人们身心需求的同时，更令人欣慰的是深圳湾的湿地生态系统也得到了保护，包括上百种野生鸟类、本土红树林和各种湿地动植物的生态环境得到了维系和改善。此外，十年间由深圳湾公园激发带动的环深圳湾地区的城市功能格局和空间格局也逐步形成，促进了城市结构向更加成熟稳定的湾区阶段演化。

婚庆花园游客中心

海岸线景观

休息亭廊

婚庆构架

潮汐花园

湿地景观

深圳湾城市绿道

透水混凝土绿道

蚝壳墙

婚庆中心景观墙

西段总平面图

西段蛇口山及半岛城邦效果图

西段渔人码头效果图

深圳蛇口邮轮中心船首波公园设计

项目规模：4hm²
设计时间：2014年12月~2015年12月
合作单位：德国betcke jarosch landschaftsarchitektur GmbH

蛇口邮轮中心船首波公园项目位于深圳市南山区蛇口太子湾片区最南端，是深圳蛇口未来新的邮轮中心的站前公园。包括2.4万m²的站前公园（即船首波公园）景观设计、邮轮中心西侧6000m²的步行廊桥景观设计和临近的海运路、沁海路全长800m的市政道路景观设计。

船首波公园作为海上门户景观，未来将与邮轮中心共同成为城市新地标。在方案的构思上重在思考如何在"形"与"神"上与"船首波"建筑相呼应，我们试图在自然中获取灵感，从船驶过水面形成的波浪和海岸交界处原有的地表肌理中提炼出设计的基本线条元素。以"绿浪济航"为主题，不仅在形态上与建筑一气呵成，也寓意在太子湾破浪前行的征途上助以一臂之力。最终形成"一舫当先，四浪济航"的景观结构，以"海浪"作为建筑生命的延续，实现景观与建筑的对话。我们抽取海浪的不同状态，形成不同氛围不同功能的景观空间："搏浪"广场、"拂浪"广场、"逐浪"历程径、"踏浪"长廊。

项目建设注重环境生态、资源节约，引入海绵城市及绿色建筑设计理念，利用生态草沟、透水铺装等海绵城市相关技术以及节能灯具、节水灌溉等节能技术，最大限度地节约资源（节能、节地、节水、节材）、保护环境和减少污染，为人们提供健康、舒适和高效的使用空间，与自然和谐共生的人居环境。

种植设计上选用低维护、易管养、抗风、耐盐碱的乡土植物，充分考虑四季不同的开花及色叶效果。由于船首波公园位于海陆生态系统交换和深圳湾滨海景观带的"生态关键点"，因此在植物的选择上也考虑鸟饲、蜜源类植物品种的应用，通过适宜的植物立体层次搭配，营造适于不同小动物的栖息场所，完善滨海生态链，最终实现生态内涵与景观形式更全面的融合，构建建筑、景观、生态一体化的"全生命体"人居生态环境。

公园鸟瞰图-以波浪作为建筑生命的延续，实现景观与建筑的对话

济航阶—演艺草坪，休憩草阶，蛇口历程

踏浪长廊及二层平台

廊桥

深圳宝安西湾红树林公园（一期）设计

项目规模：9.3hm²
设计时间：2014年
建成时间：2015年
合作单位：中国市政工程东北设计研究院深圳分院

　　宝安西部活力海岸带是宝安面向滨海地带综合发展的战略空间，也是实现湾区经济发展目标的重要增长极。西湾红树林湿地公园（一期），处于宝安西部活力海岸带的关键生态节点，是宝安"一带两区九大项目"中的重点民生项目。项目位于固戍社区，北至地铁11号线，南至金湾大道拐弯处，东以现状金湾大道为界，西侧以西海堤外侧红树林为界，长约1km，面积约9.3hm²，其中陆域面积约3.3hm²，海域面积约为6hm²。

　　西部岸线原主要服务于生产主题，场地周边交通密集，西对高架起的沿江高速，东临金湾大道快速路、地

铁11号线高架桥、宝源路城市干道，交通割裂了滨水区与城区的连接，造成近海不亲海的遗憾。场地内南北向为7m宽的西海堤巡逻道，西海堤以东为腹地较窄的陆地，主要是一行列阵式的木麻黄防风林和荒草杂生的空地，西海堤以西是咸水区，从远到近依次是浅海海域和潮间带，狭长的潮间带区域生长着红树林湿地生态群落。红树林带约35m宽，长势繁茂，树种南侧主要是秋茄，北侧长得较高的是海桑。

　　深圳市的西部岸线不具备东部岸线那种天然的山海条件，不过西部岸线拥有独特的河口湿地滩涂景观也

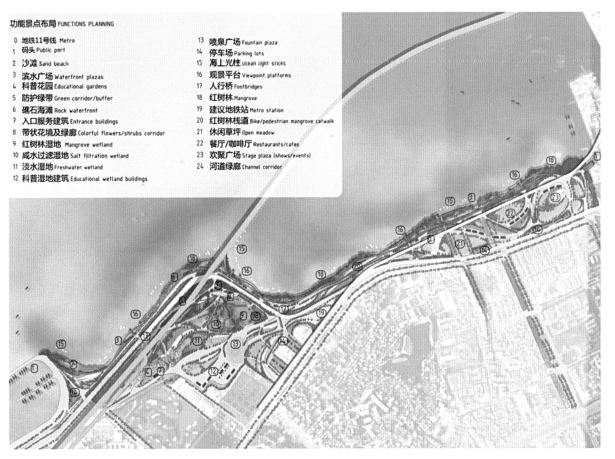

功能景点布局 FUNCTIONS PLANNING

0 地铁11号线 Metro
1 码头 Public port
2 沙滩 Sand beach
3 滨水广场 Waterfront plazas
4 科普花园 Educational gardens
5 防护绿带 Green corridor/buffer
6 礁石海滩 Rock waterfront
7 入口服务建筑 Entrance buildings
8 带状花境及绿廊 Colorful flowers/shrubs corridor
9 红树林湿地 Mangrove wetland
10 咸水过滤湿地 Salt filtration wetland
11 淡水湿地 Freshwater wetland
12 科普湿地建筑 Educational wetland buildings

13 喷泉广场 Fountain plaza
14 停车场 Parking lots
15 海上光柱 Ocean light sticks
16 观景平台 Viewpoint platforms
17 人行桥 Footbridges
18 红树林 Mangrove
19 建议地铁站 Metro station
20 红树林栈道 Bike/pedestrian mangrove catwalk
21 休闲草坪 Open meadow
22 餐厅/咖啡厅 Restaurants/cafes
23 欢聚广场 Stage plaza (shows/events)
24 河道绿廊 Channel corridor

平面图

不容忽略。本设计根据现状红树林滨水特点，以保护红树林、木麻黄、榕树等原有植物为前提，以"多彩西湾、活力生活"为设计理念，走近红树林为特色，营造出集生态、休闲、科普于一体的高品质滨海景观示范园区。

公园设有西湾十六景，海上有1号观海台、2号观海台、3号观海台；临水区域有红树探秘、石滩观鱼、红树卫士、缤纷花带、临海石阶；陆地有扬帆广场、榕荫沁爽、海洋画壁、林中栈道、棕榈广场、生态旱溪、绿荫芳花、阳光草坡等景点。

本设计的特色可归纳为三原三新：尊重原生态，创造"新"生态；尊重原功能，营造"新"功能；尊重原特色，营造"新"活力。

项目在2015年8月开园，媒体关注度高，深受市民的喜欢和好评。满足了西部市民的观海休闲需求。

剖面图

林中栈道

海岸栈道

湿地公园内西海堤

湿地公园入口处

沿江高速桥下绿道

扬帆广场

林中栈道

海绵汇水绿地

临海低潮步道

滨海步道

辽宁抚顺市月牙岛生态公园设计

项目规模：规划面积157hm²，其中岛内面积108hm²，滩地面积53hm²
设计时间：2010年10月~2012年8月
竣工时间：2012年12月
项目获奖：深圳市优秀工程勘察设计二等奖

月牙岛生态公园位于抚顺市浑河南岸，古城子河与浑河交汇处。月牙岛生态公园的建设对于抚顺市提升整体形象，改善城市环境，发展旅游产业有着极其重要的作用。

抚顺市正以"打造沈抚黄金带，水岸新城区"的规划格局发展，以浑河凝聚城市灵魂为主线，打造面向沈抚同城化的西部水岸新城，形成水岸田园都市。我们的设计理念旨在"拥抱浑河，回归自然，展现文化，提升环境"，希望将其打造成为具有国际水准的生态型滨水公园。

公园总体格局规划为"五区一带"，一条并行浑河的水系穿园而过，形成"内湖秀丽，外江壮美"的空间格局。生态和回归自然是月牙岛生态公园的主要特色，月牙岛生态公园以"月亮"为主线，赋予了"月"的韵味和生态的特色。月牙岛生态公园以月亮文化为主题，分别设计了蓝月湾广场、月牙湾广场、月亮湾广场及五星级酒店等，是市民休闲活动和会议接待的最佳场所，在园区的制高点分别布置了揽月亭和邀月阁，亭与阁隔湖相望，遥相呼应，成为公园的最佳游赏景点。近可以俯瞰内湖——月湖之秀美，外可以揽阅浑河之壮阔。月湖之上结合当地文化设计了极具震撼力的水舞、水秀音乐喷泉。在月湖与浑河之间有一道大堤，规划设计中提出保护堤岸的原生态，经过规划改造成公园的又一景点——白鹭堤，在月湖与浑河之间的白鹭堤上可以领略千亩湿地胜景和白鹭齐飞浑河的壮美景象。

岛上花团锦簇，植物葱茏，通过生态恢复和人性化设计焕发浑河沿岸景观带的绿色生机，按照景观功能不同，将生态公园分为七个区，其中入口处以花色艳丽的植物为主要特征，通过树阵、独景树以及绿色背景林营造大气、热烈的欢迎气氛，形成"花岛迎宾"的植物景观；生态公园周边绿堤内侧，以春季季相的植物为特色植物，营造飘逸动人的植物景观意境；湿生植物组成的复合群落，在极大拓展了生态公园的景观空间的同时，结合科普展示与生态实验，向人们展示植物的多种生态功能。

月牙岛生态公园俨然已成为抚顺市地标式景点和最美的生态岛屿公园，为广大市民提供休闲、健身、娱乐、观光、科普的场所，是人与自然和谐共生之作。

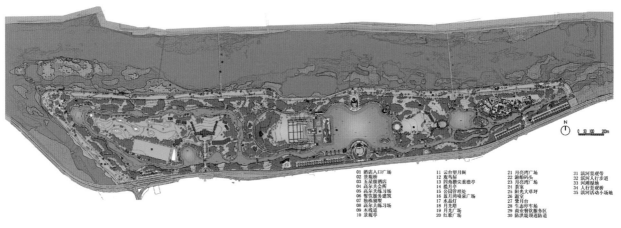

总平面图

湿地花园

特色景桥

茶室

音乐喷泉

环湖步道

生态湿地

雪中栈道

蓝月湾广场

日照海滨地区总体规划设计

项目规模：总用地面积20km²
完成时间：2003～2008年
项目获奖：全国建设工程最高奖项鲁班奖、新中国成立60周年"百项经典建设工程"、中国国际建筑艺术双年展一等奖、山东省园林绿
　　　　　化工程优质奖

　　日照海滨地区位于日照市区东部，西至青岛路，东临海滨，南接灯塔广场，北到山海关旅游度假区，总用地面积约20km²。总体规划设计工作包含万平口黄金海岸线概念规划以及沿海岸线几个重要节点：灯塔广场、帆赛基地、奥林匹克水上公园、黄金海岸、日照姜太公公园、黄海水上大世界的景观设计。通过完整的景观规划，充分整合日照优越的海滨资源，对每个场地的功能进行准确的定位，不但使其具有自己鲜明的个性，同时无论在景观上，还是在生态上，都与周围景点形成对

话，达到大环境的和谐统一。

　　作为全国第一届水上运动会举办场地，奥林匹克水上公园通过建造气势磅礴的海曲大桥和贯通潟湖，将万平口海滨地区现已建成的灯塔广场、帆赛基地、黄金海岸线景观贯穿为有机的整体，进一步提升该区域的海滨旅游价值，使其成为日照市最具人气和活力的海滨旅游度假胜地。项目用地功能上定位为城市之窗，展现日照滨海旅游城市新形象。项目以公益性为主，辅以商业开发运作，体现公益性和开放性；以参

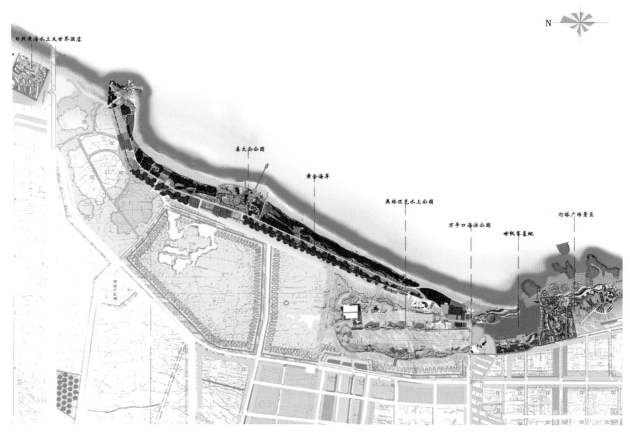

　日照海滨地区总平面图

国际帆船比赛基地

灯塔广场、世帆赛基地、奥林匹克水上公园全景鸟瞰图

与性活动项目为主，静态观赏性项目为辅，设置参与性的项目吸引游人，力求在代表城市形象的同时取得尽可能大的投资回报率并降低运营成本；整体控制、弹性开发，既考虑到当前项目建设的迫切性，又为将来更高层次的开发预留足够用地。项目设置结合水上运动公园的主题特点，策划了集旅游观光、休闲娱乐、体验参与、运动健身、生态保护为一体的丰富多样的活动项目，体现出强烈的地方民俗和当代时尚文化元素特色，充分展示了渤海之滨日照新城活力无限、蓬勃发展的城市窗口形象。

实景照片

广东佛山市南海里水镇西华寺公园设计

项目规模：建设范围11hm²，研究范围31hm²
设计时间：2011年12月~2015年

西华寺公园基址位于佛山南海里水镇金草洲草场村，西华寺的历史可以追溯到五代南汉时期，专家认为西华古寺很有可能就是宋元时期的"羊城八景"之一"石门返照"的重要组成部分。

规划将西华寺公园打造成为里水镇最具代表性，档次最高，富有历史文化特色的生态遗址公园，充分整合原有自然与人文资源，改善区域生态环境，突出岭南水乡特色，保护与传承西华寺悠久的历史文化，丰富本地居民的休闲娱乐活动，创建城市宜居社区。

通过西华寺公园的建设带动金草洲洲头片区的发

总平面图

石门胜境效果图

听溪亭效果图

寺庙祭奠轴效果图

鸟瞰图

展，追求回归自然生活，将洲头片区打造成为集生态、居住、产业、休闲旅游于一体的区域生态示范点，为未来岭南水乡旅游小镇的生活环境奠定基础，并完善金沙洲片区的服务配套，同时作为区域品牌和城市形象，为大片区规划建设提供一定指导意见。

设计从禅宗"以小见大"的思想中提炼出"滴水藏海、滴水成园"的设计理念，以水滴散落的形式形成场地，按一环两轴的结构组织空间序列，即围绕着一树一佛两个聚集人气的节点，组成"祈福轴"、"寺庙轴"

和"朝拜环"。

全园共分为七大片区，分别为：居民健身休憩区、禅意湖区、禅意生态公园区、生态停车场区、遗址保护区、养生山林区、石门重现展示区。

公园根据特色游线的组织设置了静心广场、祈福广场、祈愿树广场、涟漪广场、滴水禅音、万佛廊、贪泉亭、放生莲池、擎天花冠、古树参禅、竹海望江台、石门返照纪念馆、码头等景点。

佛山市禅城水乡新城绿岛湖景观绿化工程设计

项目规模：13hm²
设计时间：2012年5月
竣工时间：2014年7月
获奖情况：广东省优秀工程勘察设计三等奖、深圳市优秀工程勘察设计二等奖

绿岛湖位于广东省佛山市禅城区南庄镇，东、北紧邻东平水道，西面与佛山一环贯通，南面通过季华西路与市区紧密联系。依据上位规划，绿岛湖将建成一个集休闲、游憩为一体，以自然生态为特色的公共开放空间，成为佛山市民重要的休闲目的地。

绿岛湖分两期开发，一期包括中心湖及河涌景观设计、南湖绿化提升，二期内容为南湖广场及中心湖局部改造。基地景观基底良好，但存在沿湖绿化较差、地形缺少变化等问题，设计团队以"因势利导，生态优先"作为总体设计原则，以现代、生态的手法，用完整的内

部游线串联南湖广场、中心湖广场、觅踪桥、夕阳观景台等重要节点并衔接城市干道、绿道网，在构建内部游览系统的同时兼顾与周边地块的融合与联系。

依据基地现状高程，有效控制及优化竖向景观，通过堆塑景观地形，结合植物种植、设计斜坡草坪等处理手法，利用不同的景观元素，形成开合多变的景观空间，为游览者提供丰富的观景体验；通过岸线整理使湖面形成收放有致的水体空间，在此基础上设计了亲水平台、木栈道、景观桥，将湖体打造成可观可玩的活力空间，另外通过雨水导流、植物净化等手段

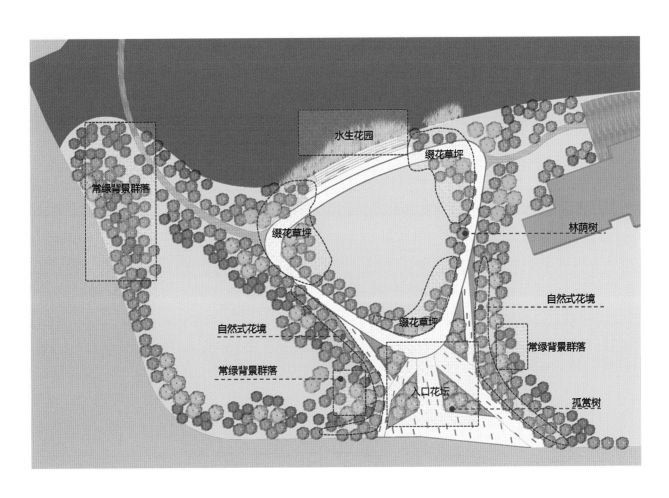

等改善水质。

植物设计方面，遵循适地适树和生物多样性保护的原则，将湖区划分为参与区和非参与区，参与区选择乡土植物，以落羽杉、全冠香樟等乔木以及美人蕉、满天星等地被花卉、观赏草进行绿化改造，实现由中央商务区人工景观向湖区自然景观的过渡；非参与区如生态鸟岛则采取原生态保育的方式，构建自然野趣的动植物生境，吸引了大量鸟类到此栖息。

效果图

实景照片

山西太原和平公园设计

项目规模：36hm²
设计时间：2014年6~8月

　　和平公园作为联系太原市城西生态片区至汾河生态走廊上的重要节点，在河西中心城区中担当城市绿肺职能，承载着城市居民的户外休闲活动和交往需求，在经济上，带动周边土地价值的增值和产业发展。该项目将创建一个和平艺术的新型城市地标公园，提供不同人群参与的公共活动场所；营造现代、时尚、休闲、生态的特色景观；突出并展示和平主题、地域文化、生态性、人文性、地域性、参与性、趣味性、可持续性。

　　设计调研阶段对太原市主要城市综合性公园进行了游人行为活动调查分析，对游人年龄结构、活动方式与使用频率等方面作了深入的总结分析，从而进一步思考和平公园的设计应具备什么样的风格、特色、功能。设

景点名称：

1.公园主入口
2.入口广场
3.下沉式花园
4.艺术展示园
5.林中小径
6.生态溪涧
7.老人活动园
8.雾林漫步
9.幸福广场
10.生态书屋
11.森林氧吧
12.林荫广场
13.音乐广场
14.亲水舞台
15.中心湖
16.亲水构筑物及平台
17.休闲广场
18.儿童乐园
19.阳光草坪
20.公园南入口
21.应急指挥中心（管理处）
22.运动场地
23.公园次入口
24.地下停车场

计理念以太原自然地貌景观为灵感，将反映自然的绿廊与蓝轴及景观活动场地有机串联，形成四大功能分区：文化体验区、生态游憩区、娱乐休闲区、康体活动区。多元化的空间满足了不同年龄层次游人的活动需求。景观建筑、小品融合了传统文化元素，如院落、门洞、照壁、窗花、挂落、剪纸等，通过现代设计手法进行诠释与演绎。

和平公园未来将成为一个服务于周边市民，反映鲜明的景观与文化特色，突出现代、时尚、休闲、生态的综合性公园。

2

自然公园

深圳大鹏半岛国家地质公园揭碑开园
建设项目规划设计

项目规模：地质遗迹保护面积56.3km²，一期建设面积约15hm²。
设计时间：2008年7月～2009年12月
竣工时间：2013年
合作单位：美国Lee+Mundwiler Architects Inc、香港华艺设计顾问（深圳）有限公司
获奖情况：全国优秀工程勘察设计行业奖一等奖、中国风景园林学会优秀风景园林规划设计奖二等奖、广东省优秀工程勘察设计奖一等
　　　　　奖、广东省注册建筑师协会优秀建筑创作奖、深圳市福田区文化创意作品天工奖特等奖、美国建筑师协会加州分会建筑优秀奖

深圳大鹏半岛国家地质公园位于深圳市大鹏新区南澳，地质遗迹保护面积56.3km²。本次建设项目位于大鹏半岛国家地质公园管理范围。园内的古火山地质遗迹、海岸地貌景观类型和生态环境，不仅具有很高的观赏价值，而且是探索深圳市地质历史演变发展的天然窗口和实验室，是体现深圳生态、旅游、滨海三大特征的主要载体。本项目分期建设，一期建设内容包括地质博物馆、地质研究综合楼及科教科研基地、标识系统、登山步道等，同时，还将进行各类科研、科普工作。

公园内地质资源以古火山和海岸地貌为主要特征，火山与海洋并存，堪称水火交融。古火山地质遗迹和海岸地貌景观类型，不仅具有很高的观赏价值，而且是探索深圳市地质历史演变发展的天然窗口和实验室，是体现深圳生态、旅游、滨海三大特征的主要

载体。以建设大鹏半岛国家地质公园为契机，充分利用大鹏半岛地质遗迹和海岸地貌等多种自然资源，体现独特的"水火共存、山海相依"的地质景观，以"国际性"为目标，将国家地质公园打造成辐射珠三角和港澳地区乃至全世界，融合科普教育、科学研究、旅游观光、休闲度假为一体的，具有科学内涵和科普价值的国家级的自然类大型风景区，成为深圳新的绿色名片，为申报世界地质公园奠定坚实的基础。

本次设计以"水火交融的地质记忆"为总体设计理念，山、海、石成为贯穿始终的设计元素，用以展现场地"水火共存，山海相依"的美妙景观与水火交融的奇特地质文化。设计中延伸地质本貌，诠释地质文明，运用地质语言于景观设计之中，使景观成为地质记忆中的亮点，并恰如其分地融入自然环境之中。科学性（地质）+艺术性（设计）是我们与这片土地对话的完美方式，我们希望通过对地质学现象的诠释、借用与延伸，表达地质的科学性与设计的艺术性，从而将漫长的地质过程与短暂的人类文明巧妙地融合。

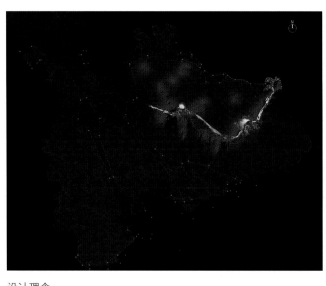

水火交融的地质记忆

火山之旅
　——山海径

水与火的印记
　——海岸景观大道

地质的记忆
　——地质博物馆

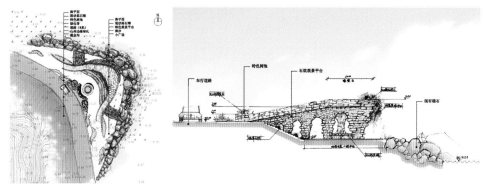

海崖台

海崖台剖面

海崖台透视

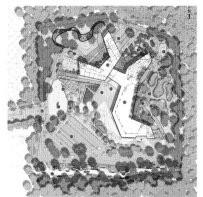

博物馆平面图

博物馆鸟瞰

博物馆实景 鸟瞰

临溪的小径　　　　火山岩浆园实景

火山岩台地园实景

远古风貌台

远古风貌台

山海径

生态休闲园实景

火山岩台地园实景

深圳光明森林公园总体规划

项目规模：总面积2210hm²
设计时间：2010年

光明森林公园位于宝安区和光明新区的交界处，横跨光明、公明、观澜三个街道，距深圳市中心25km。

森林公园总体规划遵循资源保护为主、适度开发的原则，充分利用自然条件和已有设施，注重建设的实效。全园主要分为生态保育区和森林旅游区。珍稀濒危物种区、野生动物繁育区、有代表性的植物群落、饮用水源的水源保护林及集雨区等生态敏感区域划入生态保育区。

总体规划以体现地域风景特色为目标，充分挖掘具有显著特点的地形地貌或场地资源，作为游览区的主要构成要素。提取山、田、湖作为公园的三大风景要素，山即大顶岭、平火龙、吊神山等；田即场地中的基本农田和耕地等；湖即公明水库。并以此为依托，将公园划分三大特色区域：山林野趣游览区、乡野田园游览区和林荫观湖游览区。三园区依托游览区内的地形地貌、植被等要素，营造富于森林野趣、乡野风光的景点，或观湖，或游山，或体验田园风光，给游客带来多样的游览体验。

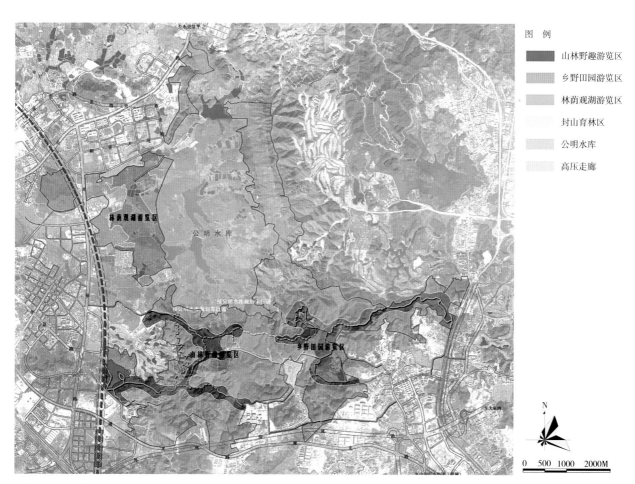

图 例

■ 山林野趣游览区
▨ 乡野田园游览区
▨ 林荫观湖游览区
□ 封山育林区
□ 公明水库
▨ 高压走廊

风景资源特色规划图

山林野趣游览区作为此次规划的重点，以生态保护为前提，生态恢复为主要内容，在保护现有森林植被的基础上优化区域的生态格局与游憩功能，根据植物群落演替的原理、景观生态学的理论和生物多样性等原则，运用现代林业的生态工程技术，以乡土阔叶树种为主，逐步恢复和重建生态功能稳定、风景优美、效益显著的南亚热带季风常绿阔叶林。形成具有色叶林、花林、常绿阔叶混交林等林相特征的特色森林风景。

乡野田园游览区以田园风光为主，以传统农田布局，阡陌田畴，农作物相间，构筑浓浓的岭南田园风光。规划将分块建果园、菜园、瓜园、花圃等，供游客观景、赏花、摘果，从中体验自摘、自食、自取的陶渊明式生活和享受自然与心灵的宁静，体味果香菜香沁鼻，怡然而恬淡的田园风光。配套质朴的农家风情亭、瓜果自主交易区、田间稻草人、农耕工具实物等形成农耕文化体验廊。

林荫观湖游览区以公明水库为中心，环湖布局，建设重在保护公明水库的水源安全，营造水与林的和谐关系，进而呈现出水因山秀、山因水清的美丽风景。

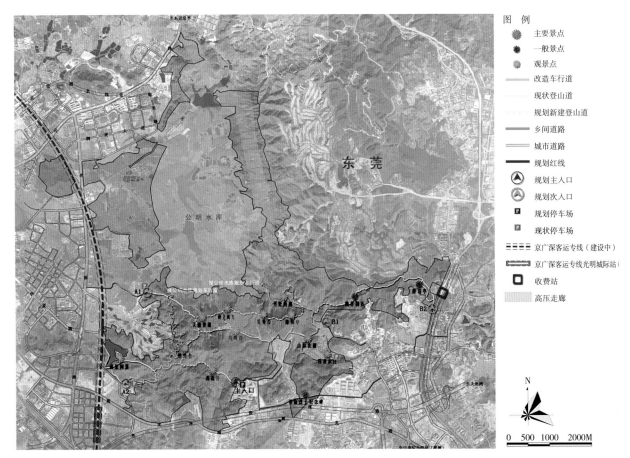

景点规划总平面图

深圳·园林设计廿年（实践篇）

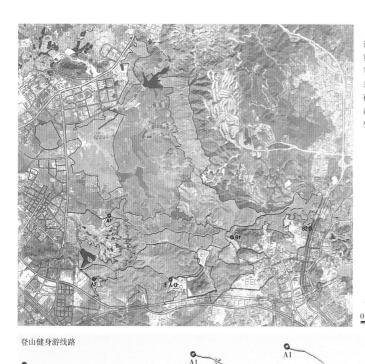

游线组织与游程安排的设计应当综合考虑景观特征、游览方式、游人体力与游兴规律等因素。针对不同年龄、不同兴趣爱好和不同目的的游客进行线路策划，规划多种类型的森林游憩项目，以满足不同类型游客的需求。

农家风情游线路

含农业知识科普
全程4km，游览时间约2小时

图 例

⊙ 出入口

—— 游览线路

N

0 500 1000 2000M

全程4-5km，游览时间约2小时

采摘品尝游线路

全程2km，游览时间约1小时

登山健身游线路

全程5-7km，游览时间约2-3小时　　全程6km，游览时间约2.5小时　　全程10km，游览时间约5小时

科普教育游线路

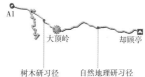

大顶岭　　　　却顾亭
树木研习径　　自然地理研习径
全程1.4km（45分钟）全程2.5km（1.2小时）

风景游赏规划图

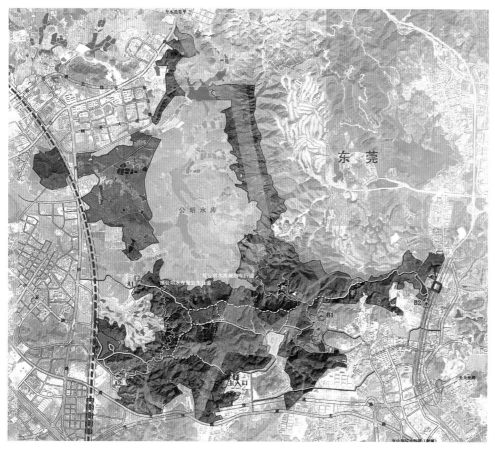

图 例

—— 改造车行道（10.31km）

—— 现状土路（11.07km）

—— 现状登山道（1.41km）

—— 规划新建登山道（7.13km）

—— 乡间道路

—— 城市道路

—— 规划红线

▲ 规划主入口

△ 规划次入口

P 规划停车场

P 现状停车场

---- 京广深客运专线（建设中）

▥▥ 京广深客运专线光明城际站

□ 收费站

▨ 高压走廊

东 莞

公明水库

N

0 500 1000 2000M

交通系统规划图

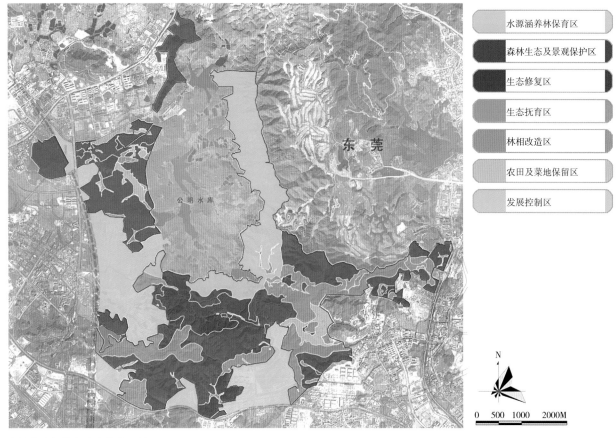

水源涵养林保育区

森林生态及景观保护区

生态修复区

生态抚育区

林相改造区

农田及菜地保留区

发展控制区

N

0 500 1000 2000M

自然生态保护与生态优化区域配置图

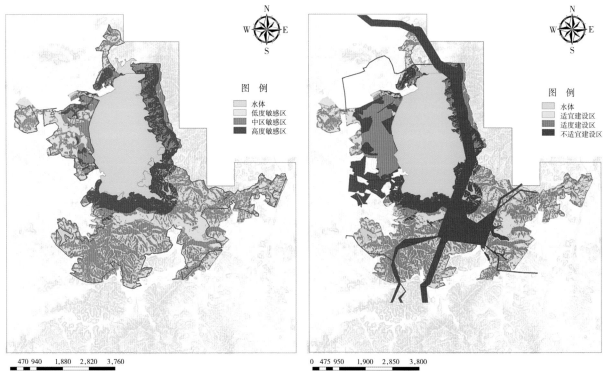

图　例
水体
低度敏感区
中区敏感区
高度敏感区

470 940 1,880 2,820 3,760

生态敏感性分析图

图　例
水体
适宜建设区
适度建设区
不适宜建设区

0 475 950 1,900 2,850 3,800

土地建设适宜性分析

深圳市五指耙森林公园总体规划

项目规模：391.72hm²
完成时间：2013年

　　五指耙森林公园位于深圳市光明、松岗和沙井三个城市组团交界处，作为整个西部工业区的一块重要的绿色资源，在深圳市的绿地格局的完整性中扮演了重要的角色。

　　本规划突出"采生态之法，与城市共生"的理念，以森林公园的建设为契机，保护场地的自然资源，完善场地的生态格局，将该地区建设成为以森林生态环境为特色，集游览观光、健身休憩、科普教育于一体，特色

水深在30cm至200cm之间的库塘环境适宜各种鱼类以及以水生生物为食的游禽类鸟类活动，水库周边通过密植耐水湿、引蜂诱鸟的树种形成生态岛，供水禽栖息。

水边浅滩地及山谷湿地水体多为季节性，水深小于30cm，是生物物种最为多样性的区域，适宜鱼类、虾贝螺、两栖类、小型蛇类以及以小型鱼类、泥鳅、蛙等食物为食的鸟类，如苍鹭、池鹭、牛背鹭、白鹭等。

游人活动强度相对较大的开阔林地处可通过植被群落吸引蝴蝶、蜜蜂等昆虫，以及喜爱食小型昆虫、小浆果及花蜜的鸟类，如八哥、大山雀、暗绿绣眼鸟、黄眉柳莺等。

郁闭度较高的生态密林可以为豹猫、红颊獴、黄腹鼬、隐纹花松鼠、野猪等哺乳类动物提供良好的栖息地及隐蔽场所，同时吸引四声杜鹃、画眉等鸟类，以及蜥蜴等爬行类动物活动

生境类型划分：

A-1　生态密林灌草丛(乔灌草结合、郁闭度较高的密林)
A-2　疏林缀花草丛(乡土禾草丛+野生花灌丛)
A-3　缓丘疏林草坡(高大乔木+草坡)
B-1　深水库塘
B-2　滨水季节性湿润浅滩
B-3　沟谷季节性湿地

生境规划图

鲜明的生态型森林公园。在森林公园内部引导适度的观光游憩活动开展，初步形成"两片四游径"的组团式发展模式。

在林相改造上，以自然恢复为主，辅以必要的人工措施，通过退耕还林、封山育林、人工促进天然更新、仿天然生态系统造林等技术措施恢复、修复和重建森林植被，控制或缓解逆向演替，并通过规划各类植物景区，形成以南亚热带常绿阔叶生态风景林为基底，分区域的植被景观为特色的规划布局。

景观结构图

五指耙森林公园鸟瞰图

珠海市凤凰山森林公园总体规划

项目规模：70.08m²
设计时间：2010年

规划的凤凰山森林公园位于珠海市东北部，公园南临香洲区，北为唐家湾新城，西与中山市境内的山体同为一脉，东与香港隔海相望。基址现有森林植被覆盖率达90%，植被类型为南亚热带常绿阔叶林群落，树木种类繁多，水库众多，景观独特。

凤凰山作为市区内最高和面积最大的山脉，是城市"多绿核"的最重要的组成部分，在主城区绿地系统规划结构中，它处于"板障山—迎宾北路—凤凰山"绿廊，也是连接唐家湾新城和中心城区的重要生态核心和城市"绿肺"。公园的规划目标将以森林风景资源为基础，通过保护性开发，将该地区建设成为以森林生态环境为主体、特色鲜明的生态型森林公园，并为构建城市生态安全格局和景观格局发挥应有的作用。公园定位为以保护为前提，以生态恢复、山海大观、古道寻幽为主要内容，以登高览胜、森林认知、远足健身、休闲观光为主要功能，具有山景、海景、森林景观、水库景观、历史人文景观特色的多层次生态型森林公园。

规划在整合并合理开发利用场地内的现有山景、海景、城景、水库、古径、史迹等资源的基础上，打造以"山海大观·古道寻幽"为特色的森林公园景观，并规划四大特色景区。

1．凤凰览胜

利用古道沿线的古树、古村落、普陀寺、烈士陵园、摩崖石刻等历史人文资源，并加以保护和适当景观展示，规划以"古道寻幽"为主题的游览路线，打造具有珠海特色风情的人文景区。规划凤凰山山顶公园，近观山林石瀑、水库风光，远可望海上日出、城市风景、暮色中的万家灯火。打造凤凰山森林公园的一大特色游线。

2．唐家黉岭

景区通过森林课堂、溪谷课堂、林业体验等科普活动点的规划，打造森林科普教育示范园。为一些有兴趣的市民及周边大学生提供认识森林、参与森林维护、体验森林工作与森林资源利用的区域，让人们在森林公园中观光游览的同时更多地认识森林、认识自然。

3．白沙叠彩

此区位于城市中轴线和规划珠海市行政区的北端，现有石溪摩崖石刻景点和开敞的公共绿地为该区域的建设打下良好的基础，规划将以"色彩绚丽"的植物景观将该区打造成城市中轴线的背景山体、珠海政务区的"后花园"，同时也形成为周边居民服务，可供短途登山、健身、休闲的场所。

4．金鼎耕读

整合现有农田、鱼塘、果林等资源，形成以农业观光体验为主题的休闲农业园。池塘垂钓、果林采摘、田间劳作，为城市人逃离繁杂城市生活的同时，酣畅淋漓地体验田园生活的趣味，享受大自然的馈赠。同时，结合场地内现有古村落展示当地农耕文化。

凤凰山森林公园是珠海目前包括正在规划建设和已建成的同类公园中面积最大的，其建设将为构建城市生态安全格局和景观格局发挥重要的作用，同时也为广大珠海市民及周边地区游客提供一处集旅游、观光、休闲和科普教育于一体的优质场所。

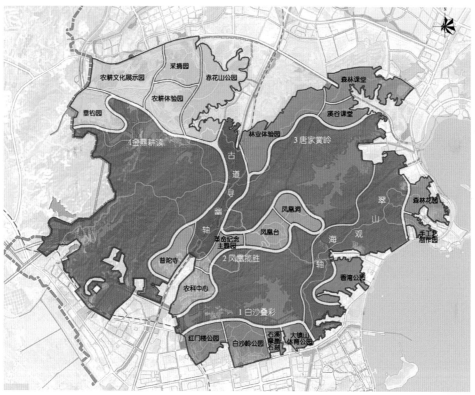

景区规划

各游览区相对独立的公园体系：

1.白沙叠彩
白沙叠彩景区包括红门楼、白沙岭公园、石溪摩崖石刻、大境山体育公园和香港公园五个公园。
2.凤凰览胜
凤凰览胜景区包括普陀寺、革命纪念主题园、凤凰顶、凤凰洞和农科中心五个公园。
3.唐家黉岭
唐家黉岭景区包括森林课堂、溪谷课堂、森林花园、手工艺制作园和林业体验园五个公园。
4.金鼎耕犊
金鼎耕犊景区包括垂钓园、采摘园、赤花山公园、农耕文化展示园、农耕体验五个花园。
5.景观轴线
景观轴线包括翠山观海景观轴线和古道巡游景观轴线。

- 白沙叠彩
- 凤凰览胜
- 景观轴线
- 唐家黉岭
- 金鼎耕犊

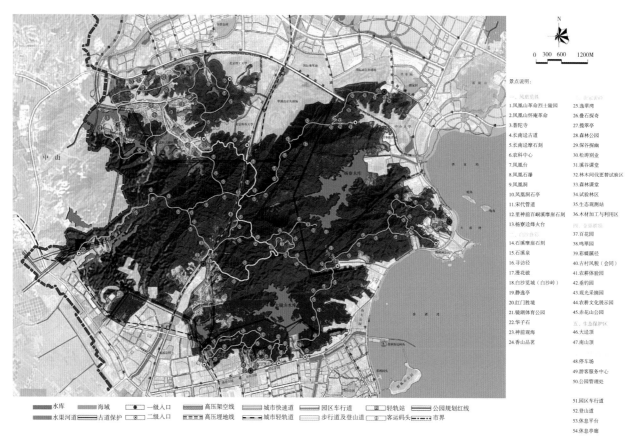

景点说明：

一、凤凰览胜
1.凤凰山革命烈士陵园
2.凤凰山怀庵革命
3.普陀寺
4.长南迳古道
5.长南迳摩崖石刻
6.农科中心
7.凤凰台
8.凤凰石瀑
9.凤凰洞
10.凤凰洞石亭
11.宋代管道
12.里神前百峋摩崖石刻
13.杨寮迳烽火台

二、白沙叠彩
14.石溪摩崖石刻
15.石溪泉
16.寻访径
17.漫花碛
18.白沙览城（白沙岭）
19.静逸亭
20.红门胜境
21.镜湖体育公园
22.华子石
23.神前观海
24.香山品茗

三、唐家黉岭
25.逸翠湾
26.叠石探奇
27.揽翠亭
28.森林公园
29.深谷探幽
30.松涛别业
31.溪谷课堂
32.林木间伐更替试验区
33.森林课堂
34.试验区
35.生态观测站
36.木材加工与利用区

四、金鼎耕犊
37.百花园
38.鸣翠园
39.彩蝶蹊径
40.古村风貌（会同）
41.农耕体验园
42.垂钓园
43.观光采摘园
44.农耕文化展示园
45.赤花山公园

五、生态保护区
46.大迳顶
47.南山顶

48.停车场
49.游客服务中心
50.公园管理处

51.园区车行道
52.登山道
53.休息平台
54.休息亭廊

- 水库
- 水渠河道
- 海域
- 古道保护
- 一级入口
- 二级入口
- 高压架空线
- 高压埋地线
- 城市快速道
- 城市轻轨道
- 园区车行道
- 步行道及登山道
- 轻轨站
- 客运码头
- 公园规划红线
- 市界

总平面图

古道绿道入口效果图

长南径古道效果图

长白山国家自然保护区步行系统及休息点规划设计

项目规模：全长约20km
设计时间：2006年5月～2009年7月
竣工时间：2010年7月
获奖情况：全国优秀工程勘察设计行业奖一等奖、中国勘察设计协会"计成奖"一等奖、原创景观设计奖（中国·深圳）金奖

关东第一山长白山，因其主峰白头山多白色浮石与积雪而得名，素有"千年积雪为年松，直上人间第一峰"的美誉。项目位于吉林省长白山风景区北坡及西坡，以步行系统串联各景区景点，全长约20km。规划在环境生态容量范围内，为整个长白山旅游提供一处与核心景区最接近的中高档游客聚散中心，从而将长白山旅游的游客接待服务水平提升到一个新的高度。设计的最终目标之一是协调好旅游开发与环境保护的关系，在这样一个以针阔混交林为本底的景观中，将建筑、人造景观以及人的活动最大限度地融入周围的环境中去。

1．将自然美景科学合理地展现给游客

规划强调在自然保护区内做景观设计一定要尊重自然、保护自然，在详细调查资源的基础上进行设计，不露人工痕迹，利用自然，服从自然，追求设计的最高境界：虽由人做，宛自天成，无为而作乃真正大作。项目建成后，完善了长白山的游览体系，效果良好。

2．融入宗教理念（萨满教）自然崇拜的主体：火、山川、树木、雷雨

满族及其先人明代女真人，始终将自己的根植于长白山，长白山是满族的圣山，对长白山的崇拜，是满族及其先世的共同信仰，清朝的皇帝将长白山奉为神明，始终将长白山的山祭与祭祖融为一体。我们在设计中展示这些自然主体的灵性和神秘感，突出火山、天池、万物有灵的精神力量。

3．在生态优先的条件下较好地解决人的基本需求

在环境生态容量范围内，为整个长白山旅游提供一处与核心景区最接近的中高档游客聚散中心，从而将长白山旅游的游客接待服务水平提升到一个新的高度，设计的最终目标之一是协调好旅游开发与环境保护的关系，在这样一个以针阔混交林为本底的景观中，将建筑、人造景观以及人的活动最大限度地融入周围的环境中去。

贵宾服务中心效果图

一望无际的林海以及栖息其间的珍禽异兽，使它于1980年列入联合国国际生物圈自然保护网。2007年，长白山景区经国家旅游局正式批准为国家5A级旅游景区。2014年，长白山以可持续发展为基本理念，以保护生态环境为前提，以统筹人与自然和谐发展为准则，依托良好的生态自然环境和人文生态系统，获得了中国人与生物圈国家委员会颁布的"人与生物圈长白山生态奖"以及入选胡润百富发布调研报告——《2014年全球12月优选生态旅游目的地》，中国长白山当选为9月优选生态旅游推荐地。

长白山北坡门区游客服务中心效果图

北坡门游客接待中心鸟瞰图

贵宾服务中心效果图

东莞国家城市湿地公园生态园大圳埔湿地建设工程设计

项目规模：34hm²
设计时间：2008年5月～11月
竣工时间：2011年5月1日
获奖情况：中国勘察设计协会"计成奖"一等奖、广东省优秀城乡规划设计一等奖

大圳埔湿地建设工程位于东莞生态园内，东部快线的北部，大圳埔排渠的南岸，与大圳埔排渠一堤相隔。规划设计面积约34万m²，其中水体面积约10万m²。

基于生态修复、水系整治促进土地重新利用的建设初衷，大圳埔的设计提出了以水为先、以绿为基和以水为源的生态修复策略以及纵横成网、多绿径、多节点的生态格局。

由于地块现状主要为鱼塘肌理，水深较深，边坡较陡，不利于水生植物的生长，水生植物的缺乏一方面显得景观较为单调，另一方面不具有净化水质的功效。其次塘埂较窄，缺乏乔木，使整个片区的景观缺乏层次感。基于以上诸多原因的考虑，设计主要从水系的梳理、地形的重塑和生境的营造三个方面进行。

1. 水系的梳理

整个湿地范围内，将原有的鱼塘肌理打破，将整个区域的水体贯通，同时和大圳埔河水也完全贯通，使大圳埔湿地成为整个生态园水系有机的组成部分，加强水质净化功能。同时采用模拟自然的手法，模仿自然界中天然河流滩涂的形态，在湿地公园内形成丰富的岛屿、洲、汊等形态，打破原有鱼塘单调的水体景观。

为避免大圳埔河低水位时，湿地内会严重缺水影响水生植物的生长，在湿地和大圳埔河之间设计了位于常水位以下的暗堤，常水位的时候是看不到的，当水位低于暗堤以下时，湿地内的水就可以保存住，而不会流向大圳埔河，以保证湿地植物的正常生长。

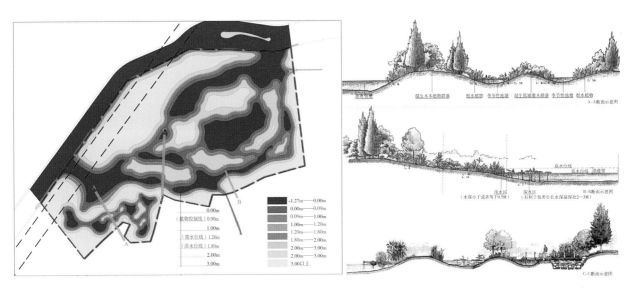

竖向规划图

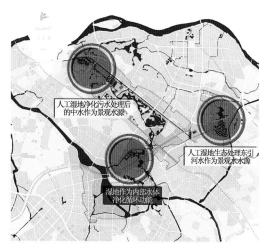

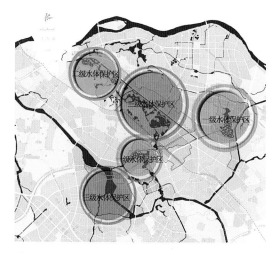

规划三大人工湿地形成的园区内部水体的生态进化器;
通过水生植物和生态驳岸丰富水体生态,净化水体。
整个生态园区规划有三个湿地,大圳浦湿地是三大湿地之一。

片区水系功能图

○ 一级水体保护区:不开展任何公众参与的旅游活动,不允许任何船只驶入。
○ 二级水体保护区:有限制的开展旅游活动,允许摇橹船驶入。
○ 三级水体保护区:在不破坏生态的前提下,可开展各项旅游活动,允许电瓶船驶入。

2.地形的重塑

通过适当的地形设计,特别是水陆交接地段的坡度设计,为适应不同水深的水生植物提供生长空间。在边坡的设计上,为保证边坡的稳定和水生植物的生长,在地形可能的情况下,我们都将边坡控制在1/6～1/10之间。

3.生境的营造

生物的修复主要是通过水质的改善和多样化生境的营造来达到。整个生态园的水系水质控制目标为近期地面水四类水,远期为地表水三类水。同时通过在湿地内也有意挑选了具有强净水功能的植物来加强水质的净化。

通过不同水体形态和地形的营造,从而形成不同的湿地生境,来吸引不同的鸟类、两栖类、昆虫类生物,从而达到生物多样性的目的。在湿地的西南角,设计规划了一块水域和整个大圳埔河相隔离的季节性浅水池塘。一方面是考虑到这块独立的水域可以保证较好的、不受外界干扰的水质,吸引青蛙等对水质要求比较高的生物物种。另一方面,该块独立水域的水文变化完全受季节和自然条件的影响而非人为控制;也可以和其他部分的湿地做个对比,观察和比较纯自然水文状态下的湿地生态修复和人为调节水文状态下的湿地生态修复。

通过以上多方面的努力,形成了一个具有参与城市循环经济体系的多功能绿色水系。该园区具有典型的岭南水乡特征,为快速工业化地区生态恢复做出了很好的示范,而且构建了产业与城市融合共生的复合生态系统,促进了自然与城市发展的有机融合。

实景照片

深圳华侨城欢乐海岸北湖湿地公园设计

项目规模：68.6hm²
设计时间：2010年7月～2011年6月
竣工时间：2012年3月
合作单位：美国SWA集团
获奖情况：全国优秀工程勘察设计行业奖三等奖、中国风景园林学会优秀风景园林规划设计奖二等奖

深圳华侨城欢乐海岸北湖湿地公园位于欢乐海岸的北面，面积达68.6hm²，其中绿地面积为16.4hm²。该公园定位为一处水体和保护湿地的自然公园，在城市化进程中寻求自然保护和城市发展平衡的一种方式，也是与深圳湾红树林自然保护区密切相关、互为补充的鸟类自然保护地。

以"保护、修复、提升、效益"为设计原则，总体布局在保护现有自然林地、沼泽和水生植物区域的同时，仍能够为公众提供限定的可达性。植物种植设计充分考虑鸟类保护的需求。园区所有的材质以自然材料为

主，增加与自然的贴近度，尽量减少人为痕迹。环湖道路的布置尽量减少人的活动对鸟类的干扰。道路材质以碎石为基础，表面以透水混凝土、透水砖为主，实现生态环保、低碳的理念。保留边防岗亭成为深港边防的历史记忆。沿湖布置木栈桥或木栈道观鸟塔，提供赏景赏鸟体验。

植物种植设计充分考虑鸟类保护的需求。建立与周边环境相对分隔的宁静环境，通过多层的植物搭配使外围的视线不能穿透。增强公园的绿量，提高生态效应。从水生植物到草地、地被、灌木、小乔木、大乔木等，使其稀疏、高低相宜，以护鸟为主，兼顾观景。

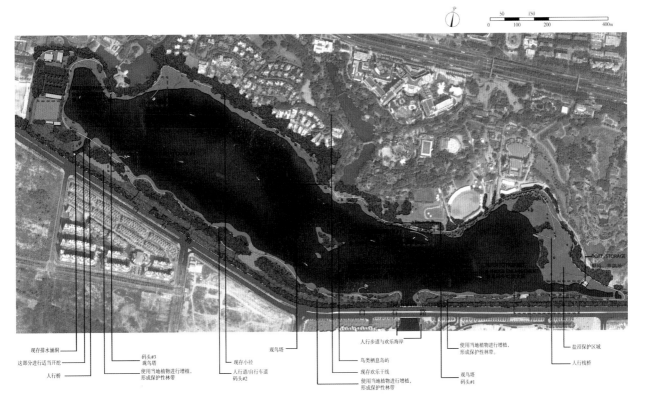

总平面图

局部平面图

　实景照片

贵阳花溪国家城市湿地公园规划

项目规模：约219hm²
完成时间：2010年

花溪地处贵州省中部，素有"高原明珠"之美誉。2009年底，花溪国家城市湿地公园的申报成功填补了我国西南地区尚无国家级城市湿地公园这一空白。此次修规旨在通过十里河滩的建设，启动花溪国家城市湿地公园的生态保护工作，优化十里河滩生态环境，制定完善的生态保护和湿地培育措施，并适当布局生态教育和游憩设施，使其成为花溪国家城市湿地公园中最具高原生态特色的湿地区域。

规划以"多能二元绿脉"为策略，通过城山之脉、产业之脉、文化之脉整合花溪河两岸东山西城的景观格局，塑造碧水绕山城的空间结构，并在此基础上形成"五区·三脉"的总体规划结构。"五区"是指生态核心区、湿地展示区、湿地科普区、生态游览区和管理服务区。其中，生态核心区为一级水源保护地，只允许开展各项湿地科学研究、保护与观察工作；湿地展示区以现有花圃和农田资源为特色资源和展示对象，形成"十里河滩明如镜，几步花圃几农田"的特色景观风貌；湿地科普区则以加强湿地生态系统的保育、恢复及教育工作为目的，重点展示湿地生态系统、生物多样性和高原湿地自然景观；生态游览区除结合湿地规划生态游览区域外，重点利用现有村寨、以保留当地居民传统生活方式和劳作方式为重点，并与现代湿地游赏方式相结合，赋予其新的景观和功能属性，创作出特有的地域情节和场所精神。"三脉"则指水脉——花溪河高原湿地轴，林脉——大将山山林生态轴和地脉——原住民民俗体验轴。

通过十里河滩片区的规划建设，联系两岸的山与城，东岸采取保育措施，优化旅游资源，发展生态旅游产业；西岸则采取开发的形式，发展生态旅游配套设施建设，平衡两岸的发展。同时，透过十里河滩的建设弘扬花溪特有的地域文化，挖掘花溪两岸的风土人情，把花溪的文化历史符号渗透到十里河滩的建设中，使花溪的人文资源得以传承展示。

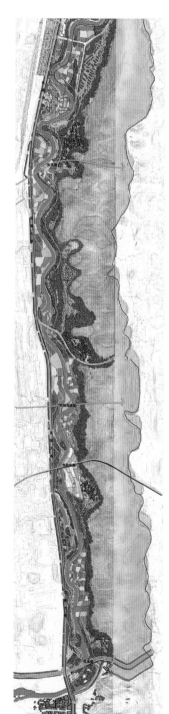

N

0 50 100 200 400

1 南入口
2 南入口服务区
3 管理服务区
4 科普展示区
5 北入口
6 烟雨柳风
7 稻花怡庭
8 古村遗韵
9 春堤拂晓
10 荷塘映月
11 秋堤
12 黔地往事
13 故人田园

总平面图

牛角岛效果图

团寨效果图

实景照片

贵州黄果树城市湿地公园规划

项目规模：736.4hm²
设计时间：2015年4～12月

项目位于黄果树风景名胜区行政管辖范围内，为兼顾资源的保护、湿地生态系统的连续性、湿地类型和游赏空间的多样性，湿地公园选址北至翁寨，南抵与坝陵河交汇处，其中在三岔河处向东延伸至王二河，整个范围以现状河流为依托向两岸扩展一定适建区域。

黄果树城市湿地公园是以反映喀斯特地貌湿地景观为特色，体现瀑乡多样水态、河谷梯度景观、布依文化与田园风光等重点景观风貌的国家级城市湿地公园。基于湿地公园的资源分析和总体定位，规划提出"三湾一水几分田，十里河溪鹭跃鸣"的愿景以及三大规划策略：打造"喀斯特瀑布博物馆"，展示河谷丰富的水系形态；展现梯度变化的植被景观，营造多样生境系统；弘扬源远流长地方文化，深度探寻民俗内涵。

规划通过建立一套从湿地公园到风景名胜区的"大景观"体系，寻求公园和风景区的发展平衡点，实现"多维共享、发展共荣"。相对于风景名胜区，湿地公园更侧重于生态资源保护，这一主线贯穿项目的资源调查、规划选址、规划设计等各阶段。在规划设计上，湿地公园以水系为中心向周边扩展，渐进式地协调保护与开发，生态与旅游、生活，人与动植物的关系。最终找到湿地公园和风景名胜区发展的平衡点，实现双赢效应。

CONSIDERATIONS
规划思考

绿水青山的诗画田园

这里拥有美丽的瀑布群和山林石景。
这里山清水秀，景色奇特。
人们耕作为生，一派田园风光，生机勃勃。

植被茂盛

田园风光

民俗风情

山清水秀，风景奇特

植被茂盛，动物珍稀

布依族民风淳朴

农民耕作

瀑布群奇观

喀斯特地貌

哇哦，好美啊

生态重压的旅游时代

渐渐地，
游客增加了，动物变少了
居民增多了，植物变少了
财政创收了，水域环境质量下降了……

以经济为导向的旅游开发
游客爆满，景区重压
水系生态亟须保护
动植物生境退化

$$$

ZONING 07- RENDERINGS
郎宫梦泽

澳门生态湿地公园研究与规划

项目规模：55hm²
设计时间：2013～2014年

　　澳门生态湿地公园位于路氹莲花大桥附近，与横琴隔河相望。生态保护区由生态一区和生态二区组成。生态一区为封闭式管理区，面积15hm²；生态二区为开放式管理区，面积40hm²。建设目的是为保护并提升路氹城生态保护区的生态保育功能，尤其在黑脸琵鹭保育方面的重要作用。生态一区现有高等植物283种，其中红树植物4种、海洋无脊椎动物88种；昆虫218种，其中蜻蜓25种、蝴蝶58种、鱼类26种、两栖类5种、爬行类17种、哺乳类动物7种；区内丰富的生物及食物吸引了不同的留鸟及候鸟在此觅食及栖息，种类高达158种。每年冬季停留在这里的水鸟约为2000只，全年水鸟数目逾5000只。2012年12月，在生态保护区内录得55只珍稀黑脸琵鹭的踪影，在世界范围黑脸琵鹭越冬地中排名第七位。本生态区还有11种全球濒危鸟类，区内的鸟类总数约占澳门至今所录的50.1%。另外，区内的两栖类、爬行类和蝴蝶种类数量均达到全澳门的一半。

　　澳门湿地面积不大，但非常珍贵，在保护原生物种，尤其是在保护各类候鸟上起到了至关重要的作用。设计以"路氹绿心、候鸟港湾"为主题，实现"城市的生态绿心、候鸟的舒适家园、游客的科普基地"三个目标。设计始终将关键物种——黑脸琵鹭的需求作为第一考虑的要素，优化其栖息、觅食与交流的生存环境，为

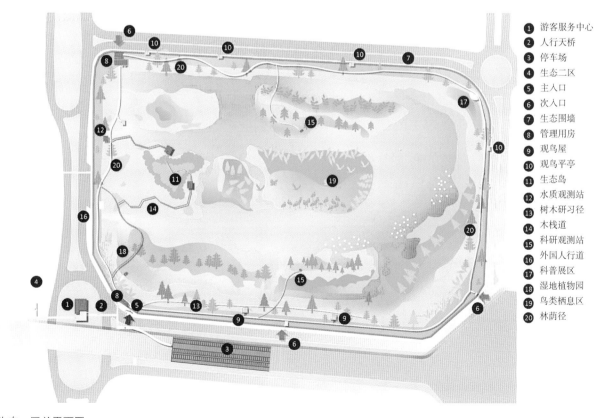

生态一区总平面图

1 游客服务中心
2 人行天桥
3 停车场
4 生态二区
5 主入口
6 次入口
7 生态围墙
8 管理用房
9 观鸟屋
10 观鸟平亭
11 生态岛
12 水质观测站
13 树木研习径
14 木栈道
15 科研观测站
16 外国人行道
17 科普展区
18 湿地植物园
19 鸟类栖息区
20 林荫径

游人设计的科普、游览设施都是附属功能，在不影响鸟类生境的前提下，获得冬夏交替的自然体验，实现人与鸟的和谐共融。

凭借丰富的生物多样性和极高的生态保护价值，澳门生态区已被国际鸟盟确认为重要野鸟栖地，2013年更在全国九百多处湿地中脱颖而出，入选"中国十大魅力湿地"。

分区指引

■ 生态一区以滩涂及深20cm左右的水域构成；
■ 生态二区主要以红树林滩涂地貌为主；
■ 生态区周边基本被旅游娱乐用地包围

济南济西国家湿地公园规划

项目规模：11.27km^2
设计时间：2013年7～10月

济南济西国家湿地公园，位于市中心和黄河长江汇流处。济西湿地公园是汇流河流公园，同时是小清河的源头，对保持和保护当地的野生动物、生物多样性和本地群落生境，帮助鸟类和两栖类动物的迁徙和繁殖，增加对新物种的吸引力有重要作用。

规划将济西国家湿地公园定位为三水交融之地，有黄河之水，有发自泰山之水（玉符河），有引自长江之水，这里是水草的天堂；同时以"风·雅·颂"为主题，强调朝吟风雅颂。以《诗经》为引子，通过"风——地域民风；雅——湿地清雅；颂——天地人颂"的主题，展示济西国家湿地公园的生态本底、文化底蕴，为西区乃至济南打造一方文化与生态共荣的圣土。

规划在充分考虑济西湿地主要功能及规划定位的基础上，将湿地公园划为七大功能区，包括农业展示区、民俗村区域、湿地观鸟区、岛园区、户外展览区、主要入口区、VIP养生体验区。同时立足全局、兼顾保护与利用；突出重点、疏密结合，合理安排各项用地及各类建设项目。

为凸显场地特征，设计过程中将对场地的影响降到最小，济西国家湿地公园道路交通规划以水路为主、陆路为辅。以河道的现状宽度为基础，以船只的安全通行为前提，规划两级航道。

同时结合现有自然和人文景观资源规划建设18个主要植物景观节点，分布在七大功能区。

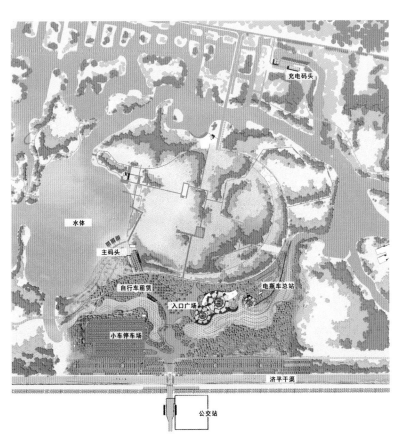

小清河湿地入口区总平面图

生境恢复分区主要依据现状特征、生境特点进行划分，主要分为城市防护林带、滨河缓冲林带、生态保育林、野生草甸与野生果林、乡土木本花卉岛、疏林地、芦浪柳晴湿地、草本沼泽与洪泛草甸、莲藕耕地、主入口等十大类。

小清河湿地入口区鸟瞰图

3

展览园林和主题公园

第十一届中国（郑州）国际园林博览会规划设计

项目规模：约100hm²
设计时间：2015年
合作单位：北京林业大学风景园林规划设计研究院、北京普玛建筑设计咨询有限公司

第十一届中国（郑州）国际园林博览会选址所在的郑州航空港经济综合实验区，是国务院批复的全国第一个以航空经济为主题的国家级功能区。园博会是港区未来的生态核心与市民休闲游赏的中心公园。

本届园博会由两大园区组成，分别为国家级文物保护单位苑陵故城遗址公园以及园博会主园区，东西联动，古苑新园，呈绿色如意之状，象征着华夏文明的传承与发展。两大园区各具特色、互相促进、差异互补，展现了在郑州举办园博会独一无二的文化优势。

本次郑州园博会规划提出以"引领绿色发展，传承华夏文明"为理念，突出"绿色、低碳、惠民、共享"的办展思路，展示园林艺术水平和城市园林未来发展方向，彰显文化传承。形成"百姓园博、文化园博"两大主题的节约持续型、园城联动式、特色与创新型的园林博览会，突出黄帝文化、寻根文化，充分展示中原大地作为中华文明发源地的特点，并同期建设苑陵故城遗址公园，打造一届有历史文化底蕴的文化园博以及贴近百姓生活、可持续发展的百姓园博。

园区规划以传统山水园林堆山理水的造园手法，以现状水系为基础，南部挖湖，北部堆山，镇山位于整个园区东北方，即伏羲八卦中的"艮"位，主水体位于东南方即"巽"位，构建出主山主湖的山水骨架，形成统领全园、呼应城市的主景轴线，"与古为新"的园博山水格局。

展园规划采用"9+1+5"的模式。"9"指的是九个国内城市组团展区，"1"指的是国际展区，"5"指的是五大主题公共展区：生活花园、儿童花园、植物文化园、海绵花园和科技花园。展园采用组团式布置，国内展园区分为一个主入口展区和八个地域性城市展区，以兼顾不同参展城市的需求。

本届园博会建筑及其主题风格以体现厚重的中原文化为特色，彰显华夏文明的大气磅礴、深沉激越的特点，打造体现中华文明发源地文化特色的园博建筑。主要建筑包括主入口大门、轩辕阁、主展馆、山水豫园、华盛轩、民俗文化园、儿童馆、新港花街、园区管理中心及外围配套服务区——老家院子等。

植物规划特色为"诗意的乡愁"，以诗意的黄河流域植物风貌和中原的乡土植物景观，展现华夏植物的历史与文化魅力，呼唤现代人类向自然、和谐的回归。园

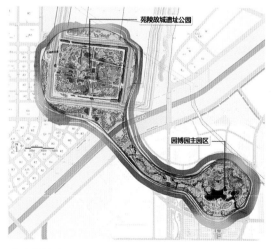

苑陵故城遗址公园与园博园主园区规划关系示意图

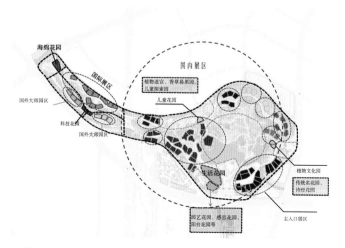

园博园展园规划图

区重点运用诗经植物、乡土植物、郑州地区特色珍稀植物。特色分区上，结合园博园公共绿地有限、以承载展园为主的特点，采用"建山、露水、梳林、围园"的分区手法保证园区景观骨架与空间格局。

为贯彻落实海绵城市建设理念，郑州园博会传承地域水文化，通过科学的水量计算与海绵设施潜力分析，在全园营造全覆盖的LID设施，构建雨水自然积存、自然渗透、自然净化、自然排放的"园博海绵体"；结合智慧园博技术，将海绵城市理念与技术展示给市民游客，并以海绵园博为引领，将园博生态新城打造成为黄河中下游地区海绵城市建设的示范区。

"智慧园博"旨在用科技创新引领园博盛会。通过先进的交互式展陈设计，互联网平台VR实景展示和各种方便实用的APP手机平台等技术手段，将园区导航、网络预订、排号、餐饮娱乐消费、公私停车等各种园展活动与实时监控、容量调节等管理工作纳入互联网综合管理互动平台；同时通过新型集成技术的运用，在各主要场馆实现太阳能及生物能源的高效利用。

园博园总体效果图

山水豫园效果图

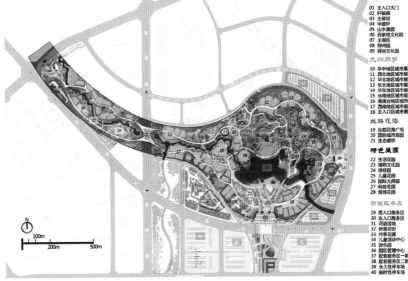

规划总平面图

园博园总体鸟瞰图

东入口大门

民俗文化园

新港花街

儿童馆

主展馆效果图

2015年"第十届中国（武汉）国际园林博览会"概念性规划

项目规模：规划总用地233.99hm²
设计时间：2012年
合作单位：美国SWA集团、北京普玛建筑设计咨询有限公司

第十届中国（武汉）国际园林博览会园博会选址于武汉市西南，汉口北大门，该地块地属正在建设的长约29.3km的张公堤城市森林公园核心区域的核心区，其主场地为长丰地块和已停运的原金口垃圾场，历史围堤张公堤及快速路三环线横穿园区中心。全园规划总用地233.99hm²，其中办展用地189.87hm²，拓展用地44.12hm²。除去张公堤和三环线穿越影响，办展用地约173.19hm²。

本届园博会拟以"绿色联接你我，园林融入生活"为主题，力争举办一届"园林，彰显城市魅力、提升城市品质、融入城市生活"的创新示范型园博会。和往届不同，它将体现园林的"雪中送炭"而非"锦上添花"，希望通过本次园博会来示范园林是如何解决城市问题、融入城市建设和融入百姓生活。

城市的快速化建设将会让城市面临怎样的问题？生态脆弱、气候改变、山体的大规模削减、生物廊道断裂、垃圾填埋场遗留、雨洪量增加、城市内涝、文化传统的缺失等。规划希望通过"聚山水之气、谱荆楚之音"，最终实现"山水田园、诗意生活"的规划愿景。武汉园博园，它不仅仅是一场园林盛会和一次城市重大事件，更是城市的生态过滤器和城市的重要生态节点，它将向市民展示园博园生态艺术之美和成为"生态武汉"的窗口。

在展园布局上，改变原来按流派、按地理区域分区的方式，规划三大主题展区，约162个展园，再以"政府主导、城市参展、全民参与"的方式来组织实施。

1. 园林与生态科技主题展区

通过雨水的收集利用、污水的净化、垃圾填埋场的生态修复、垂直绿化技术、绿色环保节能材料的运用等一系列低碳减排、节能环保等新技术在园林中的应用，将生活垃圾填埋场改造成生态恢复的示范展区，并示范一种新的建园理念和园林在解决城市建设问题中的作用。展后作为园林科技展示平台和生产企业的交易平台。

2. 园林与人文艺术主题展区

依托武汉丰富的自然、人文资源，通过国内、国外、传统、现代、新锐的园林艺术创意手法展现园林深

总平面图

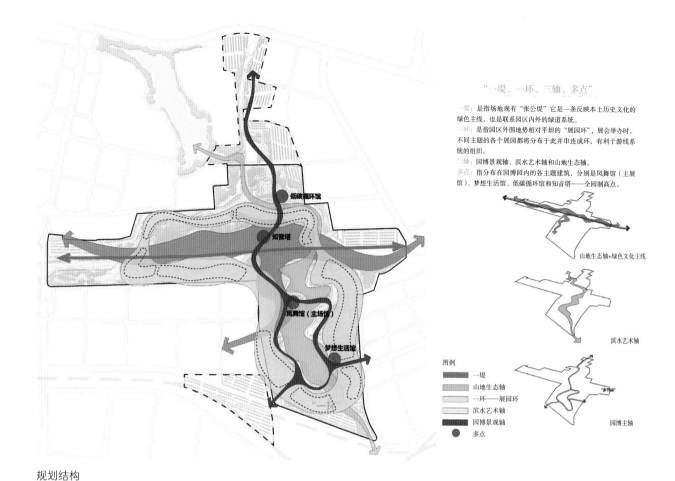

一堤: 是指场地现有"张公堤"它是一条反映本土历史文化的绿色主线, 也是联系园区内外的绿道系统。
一环: 是指园区外围地势相对平坦的"展园环", 展会举办时, 不同主题的各个展园都将分布于此并串连成环, 有利于游线系统的组织。
三轴: 园博景观轴、滨水艺术轴和山地生态轴。
多点: 指分布在园博园内的各主题建筑, 分别是凤舞馆 (主展馆)、梦想生活馆、低碳循环馆和知音塔——全园制高点。

山地生态轴+绿色文化主线

滨水艺术轴

园博主轴

图例
一堤
山地生态轴
一环——展园环
滨水艺术轴
园博景观轴
多点

规划结构

厚的文化艺术底蕴。展后作为园林艺术交流平台及设计师交流学习平台。

3. 园林与幸福生活主题展区

以全民参与的布展方式，展现各地区园林与人们生活息息相关的一面，展现园林如何引领人们生活方式的转变、园林如何融入人们日常生活，真正体现百姓的园博、市民的园博，将园博会办成"市民的节日、百姓的乐园"。展后作为公众休闲娱乐平台、本地文化展示窗口以及都市农业体验。

武汉园博会结束后，园博园将变身为综合性城市公园，继续为市民、游客、设计师、园林企业及组织提供相关服务。合理的后续发展利用将使武汉园博会成为"永不落幕的园林花卉盛会"，不断谱写园林与生活、园林与艺术、园林与科技的生动篇章。创造"聚山水之气，谱荆楚之音"的和谐意境。

低碳科技—北入口区

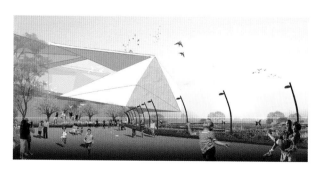

凤舞九洲—主题馆区

第八届中国（重庆）国际园林花卉博览会

——深圳展园设计

项目规模：7732㎡
设计时间：2010年11月～2011年1月
竣工时间：2011年10月

　　深圳展园位于重庆园博园中心园区。园址所处山脊平直挺拔，幽风清凉，有极好的景观视线，丰富多变的山地地形是整个深圳园设计构思的基础。

　　展园作为深圳城市的一张名片，在园博会举办期间向各地游人展示出深圳独有的特征与精神风貌。三十而立的深圳，在改革开放取得巨大经济建设成就的同时，在处理土地、资源、人口、环境承载力下降等制约城市发展的问题上，也取得了新的进展和突破。展示、介绍与宣传这些突破与进展，倡导绿色低碳与可持续发展的生态环保理念，是方案的根本出发点与着眼点。

　　深圳所倡导的都市绿色、低碳生活理念以及为营造良好的人居环境在交通市政等方面做出的努力最为明显的体现即绿道的建设。重庆园博园上层总体规划中，将深圳展园定位为沐风廊景区。重庆特殊的自然人文景观、历史遗迹遗存、山地城市记忆与深圳展园的创新绿色、低碳、可持续发展的环保理念交融碰撞，在传达给身临展园的每一位观众绿色生态环保理念的同时，充分展现了深圳创造出的可持续发展的青春、动感与活力。

　　展园的主体爬山廊顺地势起伏布置，在绿树掩映、花团锦簇中蜿蜒而上，与周边园区的滇阁暮钟、重云绕塔交相呼应，传统岭南建筑特色坡屋顶的运用，使爬山廊与周边环境相融合，高低错落的布置不仅令人联想到深圳在改革开放之路上曲折探索的艰苦历程，在其北端的层层叠水更给人视线豁然开朗的震撼，为全园的点睛之笔。展园通过爬山廊对空间的分隔，形成多个开敞空间，提供给游人不同游历体验。游览顺序根据深圳改革开放的不同阶段分为三个主题："春天的故事"、"走进新时代"、"走向复兴"。展园入口的水景与观景平台向游人讲述着动人心弦的"春天的故事"；展园中部的集装箱

展示平台，展示了"走向新时代"的现代深圳；通过雕塑、照片墙、显示屏等新规划的建筑模型，用"走向复兴"为题展望了未来深圳人生态环保的出行方式。在集装箱建筑及整个展园布置中，运用了大量废弃砧木、轮胎等再生利用的环保材料，体现出低碳节能的环保理念。

　　展园种植设计力求在与场地的自然环境（气候、土壤）和现状植被（野菊花、野草）相结合的基础上展现深圳特色，特别是总体方案中提出绿道与自然的主题。基地内侧为展览空间及主要活动场所所在地，外围为生态绿地，植物设计在基地中间形成特色自然花坡景观和体现深圳特色的植物主题景点，外围绿地以当地乡土树种营建复合层次的植物群落，形成一定程度上的绿色背景。

展园入口瀑布效果图

建成照片

第六届中国（厦门）国际园林花卉博览会总体规划和公共园林设计

项目规模：100hm²
设计时间：2005年5月~2006年8月18日
竣工时间：2007年
项目获奖：全国优秀工程勘察设计奖银奖、全国优秀工程勘察设计行业奖一等奖、广东省优秀工程勘察设计行业一等奖
合作单位：厦门市园林规划设计研究院

厦门园博会是以"和谐共存·传承发展"为主题，涵盖园林花卉、休闲旅游、自然生态、文化艺术和商贸交流的一次综合盛会。

厦门园博园规划按园林风格流派划分为各展园区是本届园博会的特色之一，八大园区以两环双轴为骨架，通过公共主题园的形式将林林总总的国内外各地方展园包容于几大主要风格园林形式之中。园博园在实施规划设计过程中，明确了多层次的园林公共空间为园区的主要骨架，通过有序列的空间组织，与游赏活动策划、商业运营策划等相结合，增加了指导性和游赏的机动性，并便于展会的后续经营管理。采用"去风格化"的简约设计，形成层级分明的游赏序列，并使过渡空间显示出兼顾特色性和标识性的特征，不会使游客一进园就迷失在应接不暇的各类展园之中。通过几层公共空间的景观铺垫与引导，使会展有更好的结构性后续利用。室外展区公共园林的设计目的是通过园路、地形、植物以及精炼的园林小品构建一个参展平台，为游客提供步入各分展园的景观引导与心理铺垫。

本次设计在大型博览盛会的场地中营造风格既多样又协调统一的园林景观，体现本土文化与场所精神的同时，兼顾可持

图例：
园内水体　园外水体　广场铺装
草地　花卉　园内车行道
疏林草地　建筑　园内步行道
苗圃　城市道路　温泉点

总平面图

续发展的要求。设计中要传承的不仅仅是传统园林"小桥流水"式的表象形式，更多的是中国园林"寄情山水"的自然观。在公共空间中充分展现对山、水、树、花、石、风、光等自然元素的尊重，让人更深层次地领会传统园林与现代环境艺术的精髓。

园博大道与园博广场这类开放空间，形态简练，强调大块面的景观肌理，体现会展举办城市厦门的现代感和风韵。例如月光环的设计，用含蓄、隐晦的手法，融情于景，以物寄情，传达人与人、人与自然的和谐情感。此外还考虑完善生态系统，健全生物廊道；开发和节约能源，设计了风车等；水污染的净化采取人工湿地净化系统进行处理；采用新材料、新技术，用生态的建造方法和环保的材料进行建设。

主展馆效果

鸟瞰图

园博大道—风之舞

展园景观　　　　　　　　　　　　　　　　　　　　　外湖岸景观

江南园　　　　　　　　深圳园入口　　　　　　　　主展馆

园博大道局部实景　　　国际园林花卉博览会（岭南园鸟瞰）　　管理中心

月光环日景　　　　　月光环夜景

2009年葡萄牙蓬蒂·迪利玛国际花园展"万花筒"花园设计

项目规模：140m²
设计时间：2009年
竣工时间：2009年
获奖情况：葡萄牙蓬蒂·迪利玛国际花园展"最受欢迎花园"

葡萄牙蓬蒂·迪利玛国际花园展与法国肖蒙古堡国际花园展、加拿大梅蒂斯国际花园展同为全球著名的三大国际花园展。蓬蒂·迪利玛国际花园展始创于2005年，历史虽短，却以新锐的触觉与作品风格的广泛性日渐成为一匹"黑马"。亚洲在此次花园展前仅有日本参加过该花园展。葡萄牙蓬蒂·迪利玛国际花园展每年根据不同的主题和创作手法，从全世界范围内遴选出十几个新型临时花园，并在现场进行实物搭建，每届观众投票最高分数的永远保留，其他拆除。

本届葡萄牙蓬蒂·迪利玛国际花园展的主题是"花园与艺术"。

方案设计构思来源于历史悠久的玩具——万花筒，意在展现一个多元形态的艺术花园。在展园场地划分

出的12个不规则的地块中，选择了近似于菱形的第六号地块，以该地块每一边长的1/2点与相邻边的1/3点连接，依次循环五周，得到一个类似玫瑰花苞的几何型图案，从类型学角度将每层"花瓣"分解，并依次向下跌降，每块"花瓣"视作万花筒之花元素。整个花园陈设在一个抽象性的花苞形耐候钢板构架上，共分为六层，上面的五层为种植层，可固定种植，也可灵活摆放盆栽花卉，每层的花草配植亦根据花卉的特性，按形、色彩拼贴图案组合配置，使该花园在展示中充满了灵活性与多样性。最底层为一个自洁水池，种植苇草和睡莲，通过水生植物与机械装置净化水池中渗透的种植层浇灌水和雨水等，得到一个微型的水循环生态系统。几条锦鲤悠闲地环游，为宁静的花园带来一丝灵动气息。色彩斑斓的园子呈现在波光淋漓的水中，营造出一种"水中花，镜前月"的虚实共生的意象。花园的周围设有游园步道，铺有"中国红"砾石地毯。

2009年5月29日，葡萄牙蓬蒂·迪利玛国际花园展开展，"万花筒"展园项目与其他11个来自不同国度的展园同时展现在世人面前，葡萄牙文化部长Arrovio Pinro Ribeiro给予这个来自东方古老文明园林国度的作品高度评价："非常成功的一个花园方案，宁静美丽，充满了浓厚的艺术气息，意境悠远"。

"万花筒"作品将承付起中葡两国多元文化和谐交融的美好景象。2009年10月，"万花筒"以21%的选票当选为第5届葡萄牙蓬蒂·迪利玛国际花园展"最受欢迎花园"，据花园展有关规定，"最受欢迎花园"可继续在下一届花园展参展。

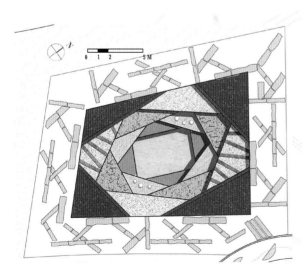

展园平面图

透视图

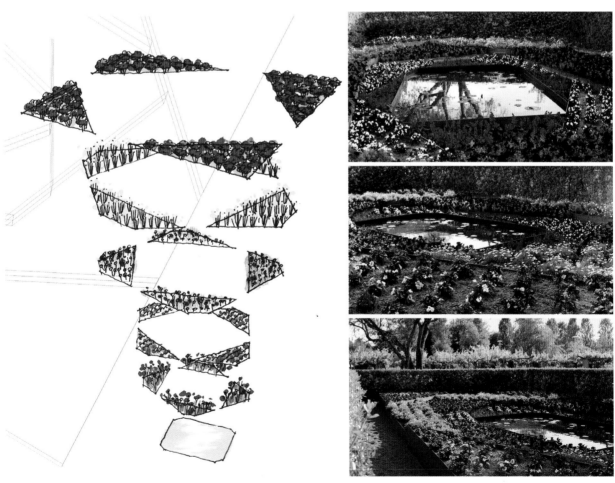

植被叠加示意图

2011西安世界园艺博览会世界庭院设计

项目规模：1.8hm²
设计时间：2009年
竣工时间：2011年
项目获奖：深圳市优秀工程勘察设计三等奖

2011年4月盛大开园的西安世园会，有一特殊的独立景区——世界庭院。世界庭院景区是一处以集中展示西方古典园林的发展体系、造园艺术及园林风格为主的独立展园。它集合了古希腊园林、意大利台地园、法国古典主义园林、英国自然风景主义园林、西班牙伊斯兰园林等不同风格的园林形式。整个园林根据各时期不同风格的空间形式、造园要素等特征，以某个经典且能代表当时园林特点的作品片段为骨架，融合所在时代和国家的经典造园元素，悉心地整理组合。设计具有因地制宜、小中见大、经典重现的特色，同时体现出强烈的科教性、艺术性。

设计布局根据场地特点和选择标准要求，结合风格特征，从北到南，以欧洲园林发展演变的时间顺序为主线，来组织游览路线和空间布局。古希腊园林是后世一些欧洲园林类型的雏形，给人古老神秘感，故位于北侧相对独立的场地里。意大利台地园和法国古典主义园林都有明显的轴线关系，分布于场地的东西同一轴线上，既加强主轴进深感，又互为因借观景关系。同时，各个园子都是临水而设，即相对对立性，又利于景观视线的延伸，丰富对景、借景的组织。

本项目是世园会一扇展示西方古典主义美的窗口，让游人在短短的游程里全面地领略到人类历史长河中不同园林风格的风格特点，体验西方园林的无穷魅力，还能学到园林知识。本项目深受游客好评及业界赞赏，也为西安各高校建筑及园林专业的学生提供一处研究西方建筑及园林的露天大课堂。

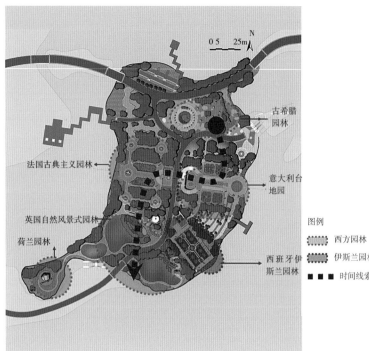

古希腊
园林

法国古典主义园林

意大利台
地园

英国自然风景式园林

荷兰园林

西班牙伊
斯兰园林

图例

西方园林

伊斯兰园林

时间线索

风格布局线索

十字形水渠

铺装细部

西班牙伊斯兰园林

法国古典主义园林刺绣花坛

法国古典主义园林

刺绣花坛细部

2011西安世界园艺博览会深圳展园设计

项目面积：1516m²
设计时间：2010年10月
竣工时间：2011年4月
获奖情况：深圳市优秀工程勘察设计三等奖

2011年4月28日，世界园艺博览会在西安浐灞生态区盛大举行，此次世园会盛大空前，总占地418hm²，有100多个国内外城市和机构参展。深圳市应邀参加了此次展会。展园位于西安世界园艺博览会中国园区的第27号展区，占地面积约1516m²。

深圳展园的主题为"小小折纸廊，情影深圳事"，宛如一张展开的折纸，叙述深圳特区称赏的点滴事情，展示深圳这样一个现代化国际大都市成长于一个边陲小渔村，作为改革开放的前沿城市，创造了许多个奇迹，有伟人的关怀，有拓荒牛的精神。展园以折纸廊为核心，设东西两入口。折纸廊宛如飘落于一片清水，曲折多变，其间穿插植物与流泉给人以空宁静溢的园境。

根据深圳园所处的地理位置与地形特征，花园布局分为3个组成部分：东西入口空间、中央水景空间、折纸廊空间。整体呈西往东走向之势。花园空间强调体验、观赏、休憩相结合。通过起—转—合等游赏序列的整合，使空间多元化与多样化。

深圳园西入口临近兴成湖。折纸形的橙色西门，给人以醒目和另类感，体现深圳的创意与活力，西门如"折纸"形景框可以一览园区内优美的园林景观与折纸形态的景观艺术，同时框景又能把优美的园景聚焦在一个特定的视点之上，成为花园内与外联系的纽带。花园的中心以"折纸廊"的方式舒展开来，折纸形式简约大方、自由灵活、体现深圳的活力与现代风格；在"折纸廊"的墙壁上，通过剪影、漏空、彩绘等多种处理手法来叙述和展示深圳30年来改革开放与人文事件，题材选用小平像、栩栩如生的拓荒牛、2011世界大学生运动会标志等代表性图案及文字描述，展现深圳的城市

图例：
1 西入口地形景观
2 西入口折纸状艺术门
3 入口杜鹃花
4 园艺折纸廊
5 屋顶观景平台
6 折纸盒（现有泵房）
7 大地艺术及滤水墙
8 水中树池与镜面中央水池
9 水中折纸状园艺小品
10 愿望树
11 大地艺术（地形景观）
12 折形花带与蝶
13 背景密林
14 折纸小品坐凳

总平面图

鸟瞰效果图

世园会标志性建筑——长安塔。折廊通过高与低、内与外、明与暗、曲与直、动与静、开与合的空间艺术形式，在有限的空间里创造多变、多层次的景观视觉效果，使人行其中达到步移景异。而当步入中央水景区，溪水潺潺与折纸廊空间相互渗透、飞鸟环绕、倒映水中，形成丰富的序列空间。其内点缀深圳市花——簕杜鹃显得格外艳丽或许是受深圳这座年轻的城市全身散发出的活力影响，和别的展园不一样，走进这里更多的是推婴儿车的年轻父母、小情侣，享受溪水潺潺与宁静的惬意时光。最后游人穿过折廊来到东入口空间，一棵愿望树与其形成对景，远处折纸形起伏的地景艺术再次浮现我们眼前，美丽的蝴蝶起舞纷飞，许下美好愿望祝福深圳的明天会更好。富有现代与生态风格的深圳展园，为2011西安世界园艺博览会增添了一处别样的景致。

新文明、开拓精神与伟人的丰功伟绩。折纸廊的顶部进行了生态景观技术处理，种植各色鲜花以体现展园的生态个性；另一方面，观赏者也可以登上折纸廊顶部平台把自己置身于花海之中，向东纵览全园、多角度观赏花园美景；向西可将湖光山色尽收眼底、眺望雄伟的西安

折廊和场地艺术

中央水景区滨海印象

折廊顶部进行了生态景观技术处理以种植各色鲜花

折廊内空间

愿望树和花之蝶

月洞门

第四届广西（北海）园林园艺博览会规划设计

项目规模：总面积约2.98km²，其中主园区为0.76km²
设计时间：2013年2～12月
竣工时间：2014年5月
获奖情况：全国优秀工程勘察设计行业奖二等奖、广东省优秀工程勘察设计奖一等奖
合作单位：北京普玛建筑设计咨询有限公司、中国市政工程东北设计研究院深圳分院

广西园林园艺博览会是由广西壮族自治区人民政府主办的一个园林博览盛会，第四届在广西北海举行，以"花海丝路，绿映珠城"为主题。园博园包括一主两副三个部分，总面积约2.98km²，其中主园区为0.76km²。

主园区以几何式园林布局，以"一轴三环"对称式的规划结构，体现北海从汉代海上丝绸之路到近代通商的中西文化交汇，再到现代改革开放的三个发展阶段，也体现了北海历史文化的精神内涵。

第一个主题空间主入口"铜凤迎宾"广场，以北海汉代文化特征的铜凤灯为造型形成大门形象标志，其独特的汉风景观体现了北海作为"海上丝绸之路"始发港的历史；第二个主题空间为"北海印象"，通过现代风格和传统特色相结合的景观设计，向人们展示出"蓝色星球上的生态北海，海丝之路起航的文化名城"；第三个主题空间为"盛世领航"，以生态覆土船形建筑为端点，象征北海"海疆第一富庶之地"的再次腾飞。三个主题空间通过"花海丝路"园博轴串联在一起，展示了北海三次对外开放的历史发展过程与文化内涵以及对未来生态文明的憧憬。同时，由北面三个次入口引出的三条次轴形成层层递进的关系，寓意着"科技北海"、"人文北海"、"生态北海"的三年跨越发展历程。

园区的规划特色不仅体现在一轴三环的空间布局上，在园区游览路线上，也提出了"水陆双游"的游线特色。全园水陆游线相结合，形成各展园与重要景点水陆皆通的游赏特色，提供丰富多样的游览体验。其中，水是园区的灵魂，是体现北海作为滨海城市不可或缺的景观元素。整个园区水面约15万m²，通过集中水面与分支水面的布局，为游客提供观水、游水、亲水、戏水

总体鸟瞰图

等多样的游赏空间。

园内主要建筑以海滨文化为特色，同时满足各种不同的功能需求。主入口建筑以风帆造型为基础，满足功能性的同时，极具海洋文化气息，同时八片风帆也象征了"八桂"这一文化内涵。主场馆"海之贝"以海贝为造型，满足大型会展等需求。天天演艺岛以海胆为原型进行艺术加工，形成具有独特海洋文化的建筑，其功能主要满足天天演艺等大型节目表演以及一些大型会议的

需求。盛世领航服务建筑以及船形建筑以生态覆土的形式，满足游客购物、餐饮、休闲等需求。

园博园在建成后受到了市民的广泛好评，吸引了大量来自全国各地参观的游客。开园后成功举办了各种大型活动，如车展、摄影展、插花艺术展等，极大地丰富了市民的物质及精神文化生活。通过园博园的建设为北海市人民提供了一个高水准的休闲娱乐环境，增强了北海旅游的吸引力，成为北海新的旅游名片。

阳光沙滩景观设计

花海丝路景观设计

变幻的主场馆色彩

主入口建筑夜景，与水面交相呼应

欢乐花伞构筑物，以伞为原型，通过抽象手法表现出来，鲜亮的色彩为园区带来了活力

牌楼位于轴线中段的小广场上，将北海老街特色的建筑风格融入到牌楼设计，象征了北海开埠、中西文化融合的历史

深圳欢乐谷玛雅水公园改造总体规划及景点设计

项目规模：29235m²
设计时间：2010 年11月～2011年6月
竣工时间：2011年7月

主题公园的设计不仅仅是为了满足人们对园区内设施功能的需求，更要体现人的参与性和公园本身的故事。因此，玛雅水公园的改造目的就是为了创造一个能"说"故事的景观的效果。通过与玛雅文化的结合，运用建筑、植物、雕塑等各种景观元素对主题的配合，增加园区的故事性和趣味性。

1．设计的构思

玛雅文明形成于公元前2500年。直至今日，玛雅人为我们留下的宝贵的艺术和文化财富仍然为人们所赞叹和传承。深圳欢乐谷玛雅水公园就是一个基于玛雅文化探索上的再创造，实现玛雅文化的复制、移植、陈列及发展，将玛雅主题贯穿到整个游乐场所中，使"玛雅文明"注入来此游戏的孩子脑中，让他们能够关注玛雅文明，间接了解玛雅文明，并赋予玛雅主题水公园另一层面的意义。

2．体现主题、突出氛围

用景观来说玛雅故事这一主题的确定意味着我们每一处的设计都是为了营造让游人置身于立体的故事中，真切地感受到玛雅文明的古老和神秘。无论是从建筑到植物、从软质的流水到硬质的设施，从整体的园林小品

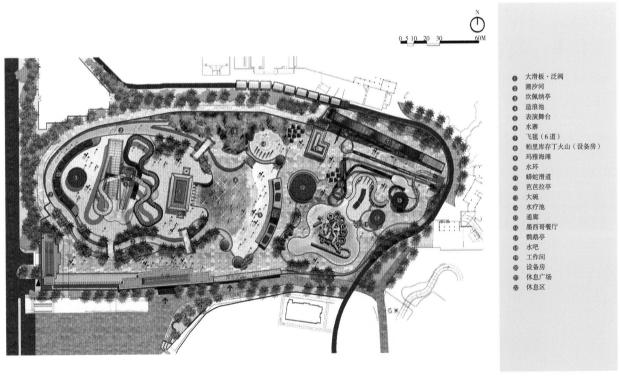

① 大滑板·泛阀
② 潮汐河
③ 坎佩纳亭
④ 造浪池
⑤ 表演舞台
⑥ 水寨
⑦ 飞毯（6道）
⑧ 帕里库存丁火山（设备房）
⑨ 玛雅海滩
⑩ 水环
⑪ 蟒蛇滑道
⑫ 芭芭拉亭
⑬ 大碗
⑭ 水疗池
⑮ 通廊
⑯ 墨西哥餐厅
⑰ 鹦鹉亭
⑱ 水吧
⑲ 工作间
⑳ 设备房
㉑ 休息广场
㉒ 休息区

总平面图

到细节的铺装花纹，都是为了诉说玛雅故事而存在。园区内各色奇异的玛雅建筑、无处不在的玛雅象形文字，营造出远古玛雅文明的神秘空间，仿佛在述说一个又一个遥远而古老的玛雅故事，吸引人们在历史的静默中感受那逝去文明的魅力，带领人们一步步走近人性向自然回归的天堂。

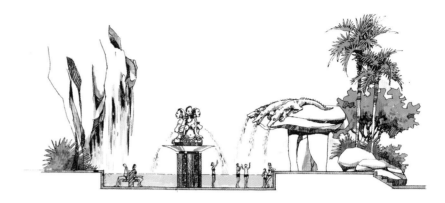

玛雅雕塑与周围雨林植物的结合让人仿佛置身于玛雅森林中

3. 与"水"元素的结合

玛雅人与水息息相关，水可谓是贯穿玛雅水公园的一条重要线索，无论是水上设施、喷泉瀑布，还是水疗吧的设计，都将水的元素融入玛雅的水文化中，使得玛雅水公园成为一个真正意义上的水公园。

小品在环境中不仅起到美化的作用，同时也切合玛雅主题

4. 突出场地趣味

场地的趣味性不仅是游乐设施给人们带来的感受，主题公园的趣味性也体现在公园的故事性。而"用景观说故事"又是我们这次主题公园设计的主题，因此立体的、能让人切身感受到的故事就是整个场地的趣味性所在。

玛雅水公园历经十二年的发展，历经起步、成长、成熟，已形成规模，此次玛雅水公园改造将玛雅水公园推向了另一个高峰，为国内水上主题公园的发展树立新的标杆，带领中国主题乐园迎接新的挑战。

将水元素融入玛雅文化的氛围中，体现玛雅人与水之间不可分割的联系

游乐设施和周围玛雅环境的结合使人仿佛置身于异度玛雅空间

广东吴川市鼎龙湾水上乐园商业街建筑和景观设计

项目规模：占地2hm²，建筑面积7427㎡
设计时间：2015年

水上乐园商业街项目地处广东吴川市吉兆湾畔，其目标是创造舒适活力的休闲购物平台，体现美国德州牛仔风情文化特色。根据场地特点，整体规划充分体现建筑与环境的和谐统一，减少对原地形的过多干预，并有机组织室内外空间，以功能不同的广场空间相互串联起生动活泼的商业流线和整体有机的建筑布局。商业街设计方案与水上乐园风格相统一，以美国德克萨斯州牛仔文化为故事线索，整体风格以德州传统牛仔小镇为蓝本，提取德州牛仔建筑及景观文化的标志性特点及符号，德州建筑以美国殖民时期建筑为代表，主要为西班牙殖民时期的风格特色，建筑大多以小木屋为主，包括

特有的屋顶形式，门窗细节，丰富的纹饰以及标志性的各类构筑物等。景观设计提炼了牛仔小镇典型的要素，如马车、马槽、马桩、木桶、推车、大块景石、高大仙人掌旱生植物、牛仔雕塑等，将室外空间装点为一处处情景舞台，通过建筑立面的围合，使游人沉浸于美国牛仔风情的氛围之中。

全长约300m的商业街通过内街串联主入口广场、中心广场、次入口广场三个主要室外场地。其间还穿插斗牛广场、西部风情广场等小空间，既保证清晰顺畅的交通商业流线，又丰富活跃了带状建筑围合空间。

山东烟台大南山生态公园福临夼景区

项目规模：55hm²
设计时间：2008年

烟台大南山生态公园福临夼景区建筑组群主要分为两大部分：入口服务区和特色小镇区，入口服务区将地形平整为三个台地，高低错落，覆盖文化建筑、养生建筑、表演建筑、浪漫建筑于一体，休闲、体验式空间在功能上是对整个集团项目最有利的补充、促进。多样化能够满足不同消费层次的需求，它将成为景区的名片。浓郁爱琴海建筑特色的建筑风格，让人过目不忘；地标性的风车、夕阳、斜梯、石板路面，让身处其中的人们体会到浓浓的充满浪漫气息的异域风情。错落有致的屋顶可以作为观景的平台，有机的融入到商业街中，让人们在购物休闲的同时还有开阔的景观视野，溪水、远山等美景尽收眼底。

山东日照姜太公公园

项目规模：800hm²
设计时间：2004年

　　太公岛游乐园位于日照市山海天旅游度假区内，在充分利用和保护现状自然条件的基础上，挖掘姜太公与日照市的历史文化，以武圣姜太公为线索，把武文化融入游客的活动中，使人们在游乐、竞技、运动中领略中华民族的优秀文化遗产。塑造具有时代特色的姜太公武文化主题公园，以纪念性为主，并突出参与性及娱乐性。架构有效的主题公园盈利模式，打造中国特色的主题公园。

4

城市开放空间

深圳龙岗大学生运动会重点项目景观设计
（大运中心、大运村、大运公园）

项目规模：大运中心52hm²；运动员村49hm²；大运自然公园4km²
设计时间：2009～2011年
竣工时间：2011年
获奖情况：全国优秀工程勘察设计行业奖一等奖

作为2011年第26届世界大学生夏季运动会比赛主场馆区和大运村的所在地，龙岗体育新城仿佛弹指一挥间在山青海蓝的龙岗区崛起，承载了腾飞龙岗、腾飞深圳的美好愿景，将为龙岗区的城市化、现代化、国际化提供了绝佳的载体和支撑。规划的体育新城占地面积约14.77km²，主要包括大运中心、运动员村、大运自然公园、深圳体校、体育发展备用地和中心城水厂，其中的核心区域为大运中心、运动员村与大运自然公园。

基于新城控规的框架，景观规划设计如果单单着眼于每一地块、在各项目范围内自做文章显然与周边环境、区域组织会有脱节。只有站在"大生态、大景观"的视角，根据龙岗中心组团西区的现状及未来的发展规划通盘考虑体育新城的绿地开放空间，才能共创城市与自然的和谐共生，并提供针对性的策略，以期对龙岗中心组团进行环境生态效益、土地利用价值、社会效益的全方位提升，并使其为大运会增光添彩。

此次规划建立了一套开放绿地结构体系，将大运自然公园、大运中心、大运村三者联系在一起，形成一条绿色通廊。"绿廊"体系由大运自然公园向四周延伸，将自然山体、水库、高尔夫球场等纳入其中，形成城市的"绿肺"；与之相连的大运中心和大运村作为大运会重要功能区的同时，也将自然环境引入城市。力图尊重区域的生态肌理，大运自然公园将被作为"绿廊"的核心，形成区域生物廊道的重要节点。在这个生态基底之上，"绿廊"将承载起游览、运动、教育、文化展示多种功能。同时，作为珠三角2号区域绿道深圳段的一条

总体鸟瞰图

南北向支线，绿道大运支线北起大运自然公园，南至仙湖植物园，沿途经过自然风光原始优美的深圳水库及龙口水库、大望艺术高地、大望社区、罗湖林果场等地，依托大块绿地、乡村田野，通过登山道、栈道、慢行休闲道的形式连接，为人们提供亲近大自然、感受大自然的绿色休闲空间，实现人与自然的和谐共处，可供自行车以及野外徒步旅行，由此形成从龙岗到深圳市区的生物廊道体系。

全方位综合利用及创造水景是大运项目片区的理水之道。大运中心共有6万多平方米的湖面，整个大运会场地是通过一条人工水系串起来的，水面的收放、聚散变化，形成了不同的空间变化，水面开阔，岸线曲折多变；大运湖是场地内唯一大面积的景观水体，不仅在赛时提供休闲活动和庆典功能，更成为赛后重要的市民

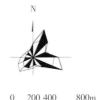

总平面

Ⓐ 大运中心	① 大运中心场馆区	⑥ 野外森林音乐亭	⑪ 水域活动区	⑯ 原有旧村纪念馆
Ⓑ 运动员村及信息学院	② 大运湖	⑦ 主题花山花海	⑫ 神仙岭网球中心	⑰ 核心生态体验区
Ⓒ 大运自然公园	③ 景观湖	⑧ 大运纪念塔	⑬ 国际自行车赛馆	⑱ 生态水花园
	④ 自然山体	⑨ 山地活动区	⑭ 公众高尔夫球场	⑲ 观光农业园
	⑤ 大运纪念主题园	⑩ 动感体育健身区	⑮ 龙口水库	⑳ 生态保育区

龙岗体育新城大运重点项目总平面

休闲观光的景点。大运自然公园内有一蓄洪水库名曰神仙岭水库,以理水之法引水库之水,经公园内的溪流、跌瀑、湖面最终汇入大运中心湖面。这股"神仙之水"不仅解决了补水问题,还让大运中心的水体找到了"源头",使水景有了不尽延伸之感。

本土的砂、石、土、木、花等材料的运用不仅让现代景观流露出地域特色,而且突出了"绿色大运"低碳可持续的特点。大运中心、运动员村与大运自然公园室外广场、园路铺装全部采用生态透水材料(透水混凝土与垃圾再生透水砖)。植物配植参考自然界中的植物群落,选用乡土植物树种建立丰富的、复合的、多层次的自然植被群落。注重考虑能招引各种昆虫、鸟类和小兽类,形成水陆动植物的生命通道,以保障生态系统中能量转换和物质循环的持续稳定发展。

围绕大运为核心的体育文化以及乡土地域文脉的传承在各大项目中均有体现,例如大运中心的中央广场利用覆土建筑墙面

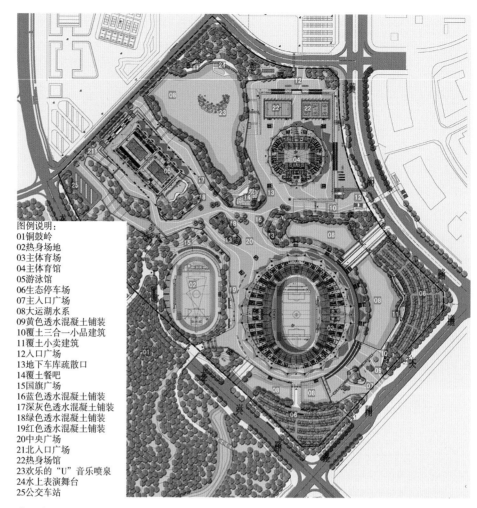

图例说明:
01铜鼓岭
02热身场地
03主体育场
04主体育馆
05游泳馆
06生态停车场
07主入口广场
08大运湖水系
09黄色透水混凝土铺装
10覆土三合一小品建筑
11覆土小卖建筑
12入口广场
13地下车库疏散口
14覆土餐吧
15国旗广场
16蓝色透水混凝土铺装
17深灰色透水混凝土铺装
18绿色透水混凝土铺装
19红色透水混凝土铺装
20中央广场
21北入口广场
22热身场馆
23欢乐的"U"音乐喷泉
24水上表演舞台
25公交车站

大运中心总平面图

详细设计

通过公共艺术手法表达各国运动员对深圳对未来的美好祝愿;沿湖的廊架平台以玻璃蚀刻技术将武术、龙舟、蹴鞠等反映传统体育文化的图案展示于廊架玻璃顶之上。大运公园则在铺砌材料上选用了有传统韵味的青砖、瓦片、洞石等;大运村"南朝世居"纪念广场表达了对场地内原有村落祠堂的尊重。

龙岗大运系列项目的建成有效完善了龙岗区的绿地系统结构,使得全区为绿色空间所环绕,成为赛时服务于大运会,赛后服务广大市民游客的大公园体系。

黉运六景：
（黉hóng：古代的学校）

A 红云暮鼓
　1.主题花山花海
B 朱夏丛樾
　2.大运主题雕塑园
　3.大运纪念林
　4.野外森林音乐厅
　5.大运历程之路
C 古木乡境
　6.南门区
　（原龙口、红旗围村处）
D 泖泽汀树
　7.蝴蝶谷
　8.蚂蚁之家
　9.观鸟屋
　10.可持续材料花园
　11.神仙岭水库
　12.生态水花园
E 田寮菰芳
　13.观光农业园
　（稻园、蔗园、菜园）
　14.叠溪谷
　15.采摘园
F 仙岭夕照
　16.生态保育区
　17.生态研习径

G 主题景区：
　主题景区

其他景点：
　18.东门区
　19.神仙岭网球中心
　20.国际自行车赛馆
　21.公众高尔夫球场
　22.登山道
　23.郊野自行车道
　24.鼓岭路车行入口
　25.大运中心步行入口
　26.竹篱晒网步行入口
　27.东莞步行入口
　28.生态停车场
　29.临时绿化
　30.公共休闲区
　31.欢境悦谷

北

0 100 200　400　　800M

大运公园总平面图

大运中心—与自然环境相融的生态建筑

大运中心—连绵柔美的花坡映衬"水晶石"建筑

大运中心—水生植物不但隐藏了湖体的雨水补水管，还起到吸附杂质的作用

大运自然公园—架空于低洼谷地上的廊道

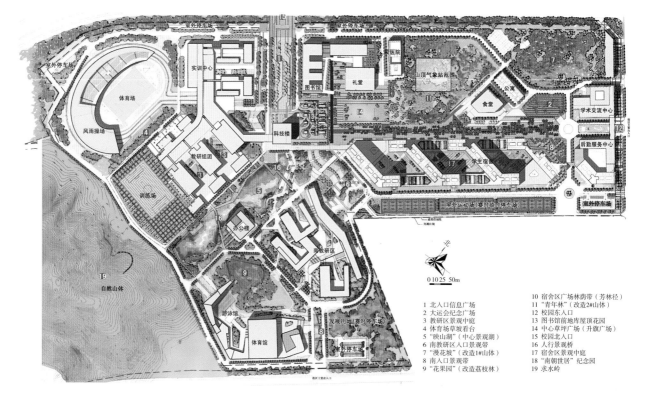

大运村总平面图

1 北入口信息广场
2 大运会纪念广场
3 教研区景观中庭
4 体育场草坡看台
5 "映山湖"（中心景观湖）
6 南教研区入口景观带
7 "漫花坡"（改造1#山体）
8 南入口景观带
9 "花果园"（改造荔枝林）
10 宿舍区广场林荫带（芳林径）
11 "青年林"（改造2#山体）
12 校园东入口
13 图书馆前地库屋顶花园
14 中心草坪广场（升旗广场）
15 校园北入口
16 人行景观桥
17 宿舍区景观中庭
18 "南朝世居"纪念园
19 求水岭

整体鸟瞰

大运村—以水为核心的"绿脉"

大运村—"南朝世居"纪念园

深圳湾体育中心"春茧"景观设计

项目规模：规划用地面积30.774hm²
设计时间：2009~2011年
竣工时间：2011年
合作单位：北京城建设计研究总院有限责任公司
获奖情况：深圳市优秀工程勘察设计三等奖

深圳湾体育中心地处美丽的深圳湾畔，坐落于深圳市南山商业文化中心东北角，东临深圳湾15km滨海休闲带。南临深圳湾内湖，西临科苑南路，北临滨海大道，是点缀在深圳湾滨海休闲带上的一颗璀璨的明珠。深圳湾体育中心通过白色的巨型网架结构将各种功能空间进行整合，造型独特，好似一只大大的蚕茧，横卧在深圳湾畔，"春茧"由此而得名。

配合"春茧"造型，室外景观犹如绿色的地毯，柔和地映衬着"春茧"。深圳湾体育中心作为大型的体育场馆，其景观与室外设施交融形成以三个标志性广场为核心的空间布局。三个广场分别为大地广场、绿树广场、海韵舞台。大地广场位于场馆西侧，与商业配套相连接，除了能作为繁华的时代商业广场之外，也能作为户外活动、举办小型演出及节日庆祝场地。"春茧"中央部分的绿树广场，与建筑结构主体结合，在中心庭院内种植竹林，象征着不断向上延伸的含义。内外空间的相互渗透，体现了蕴藏在春茧中无限的生命力。场馆建筑设计时，在东端打开了一个方形的口，在体育场的观众席上可通过这个开口眺望深圳湾滨海休闲带及海景，被称为海之门。海韵舞台与海之门相连，为海之门的室外延续景观。通过海韵舞台将海景引入到深圳湾体育中心内，配合瀑布和喷泉景观，视觉上形成海景与水景的连续，体现了深圳地域特征。除此之外，将大型体育场馆的功能与景观设计密切结合，形成了入口花园、台

鸟瞰图

阶花园、方块花园等景观场地。与海韵舞台相连的淙泉之道，犹如淙淙小溪流淌在柔和苍翠的草坪间，配合步行道为人们提供休闲散步的好去处。缓跑径为用地周边的回游小径，除了具有运动的功能外，也将各景观空间有机地连续起来，体验步移景异的景观乐趣。

深圳湾体育中心的植物景观设计，通过合理的空间布局和细致的群落配植，令现代的城市景观浑然天成地过渡到优美的海滨自然境域。配植多种乡土植物，着重四季开花植物的应用，重点位置点缀棕榈科植物，突出深圳南亚热带海滨城市的景观特色。

深圳湾体育中心的植物景观设计围绕"春茧"这一主题，用植物的语言营造四季动感变化的"多彩之丘"，在景观艺术中融入文化内涵。在设计中，运用具有文化寓意的特色植物形成以"新榕春机"、"绿茵夏花"、"蝶舞秋菊"、"红棉冬韵"组成的"四季物语"为主题序列的植物景观。

在整体景观设计中，通过景观设计的手法，削弱大面积功能场地带来的生硬感，实现了个性花园和功能场所的有机搭配与多彩演绎。与深圳湾海滨休闲带相呼应，打造了与自然景观相协调的地域标识性景观。

璀璨的"春茧"夜景

竹林中庭

大地广场

绿色掩映下的火炬

深圳北站综合交通枢纽景观设计

项目规模：景观设计面积约30.376hm²
设计时间：2008～2011年
竣工时间：2011年6月
获奖情况：中国建设工程鲁班奖（国家优质工程）、中国土木工程詹天佑奖、广东省优秀工程勘察设计奖二等奖、北京市优秀工程设计
　　　　　一等奖
合作单位：北京城建设计研究总院有限责任公司、深圳市欧博工程设计顾问有限公司

深圳北站地处龙华，是深圳最为重要的陆上交通门户。设计范围包含东西广场景观及周边市政道路景观，分为地下二层、地下一层和地面层三个层面，多为屋顶花园设计。

深圳北站设计定位为现代化的、国际一流水平的立体综合交通枢纽，景观设计提出"山林链接城市，本土链接国际"的设计理念。

东广场与城市紧密衔接，定义为城市广场，着重体现活力与效率。地面层为交通广场，用树阵等景观元素将景观与交通功能很好地结合。东广场地面层到地下二层由涟漪庭、星云庭、天露庭一系列水景景观组成，反映深圳历史文化。天露庭位于地下二层广场，水幕从地面层落至地下二层，好似天露从天而降。地下二层的南北天井庭院，分别定义为律动花园和艺术花园。设计上采用了对比统一的手法，在视觉上形成整体联系，寓意北站不断穿梭的人流，体现深圳北站，人文北站的特点。

西广场与山体绿林临近，定义为山林广场，着重体现绿色与休闲。由中央水景部分的水石喻与两侧广场组成，遵循山林到城市的理念，广场上对称形式分布着树阵广场、波浪形台阶树阵与自然式乔木绿地。南北两侧

天井庭院，分别定义为绿森林和水云涧。绿森林以植物造景为主，通过种植高大乔木，合理搭配灌木和地被，形成密林景观，水云涧加入溪流元素营造出不同的宜人的候车空间。

种植设计着重体现车站的风景，从西边的树阵密植到东边的疏林列植，从西广场的阔叶常绿树种到东广场的细叶落叶树种的选择，充分体现自然山林与城市空间之间的渗透关系。东广场是靠近城市的广场，植物设计在保证人流快速有效组织的前提下，适当种植开花树种，营造出四季变化、气氛热烈的入口植物景观。西广场作为西边山体绿地的延续，强调通过大规格乔木、密植的树阵营造更加绿色自然的空间环境。

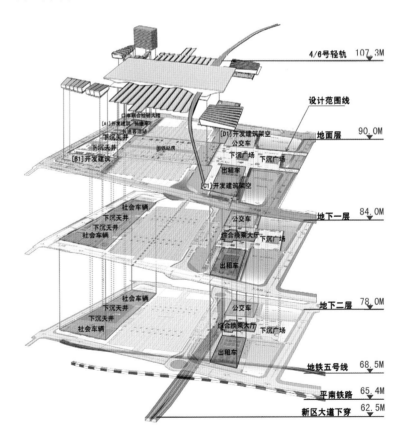

规划结构分析图

实景照片

广东佛山市南海中心区中轴线开放空间规划设计

项目规模：65hm²
设计时间：1999年5月～2002年6月
竣工时间：2003年
合作单位：美国SWA集团、中国城市规划设计研究院深圳分院
项目获奖：全国优秀工程勘察设计行业奖二等奖、广东省岭南特色规划与建筑设计银奖、广东省优秀工程设计一等奖、广东园林学会成
　　　　　立50周年优秀作品评选广东园林优秀作品、美国城市土地学会（ULI）全球城市开敞空间大奖第一名、美国风景园林师协会
　　　　　（ASLA）德州分会优秀奖

佛山市南海中轴线开放空间创造了一个整体连贯而自然开放的公共绿地系统，使水面与绿地网络相互渗透，创造人与大自然、城市与大自然和谐共存的高品质城市环境，为市民提供舒适、方便、安全、充满"水"和"绿"自然要素的城市外部生活舞台，并通过组织诸如饮茶、听戏、放花灯等传统休闲娱乐活动，再现传统水文化的地方所精神。

设计追求城市发展和自然生态相结合，创造性地将长达3km、面积约19hm²的水面——千灯湖作为中心区环境空间重要的景观要素，将市民广场、湖畔咖啡

屋、掩体商业建筑、水上茶坊、21世纪岛湾、花迷宫、历史观测台、雾谷、凤凰广场等多种活动空间有机地组合起来，创造多样化的活动空间，培育新的市民文化，为市民提供舒适、方便、安全、充满"水"和"绿"自然要素城市外部空间和生活舞台。特别是通过体现地方神韵的水上茶坊、湖畔咖啡馆、商业建筑等内容，体现出水网纵横的岭南水乡特色；发展传统休闲娱乐，诸如饮茶、听戏、赛龙舟等，体现出珠三角地区传统的水文化，找回失落的地域风格和历史传统，再现地方所精神。

根据空间构图原理和功能空间的布局，将不同的

柏树茶店   中心绿地   林荫水景

景观要素有序分布，产生对景和序列的空间；运用统一的设计语言，如粗毛石与红色砂岩的组合，统一的色彩体系及细部特征，增加视觉的驻留，以突出空间的特征与印象，形成景观空间的特定的基本情调。通过建筑小品、临水散步道、台阶、坡道、栏杆、坐凳、城市家具等场地设施的精心设计，在中心区形成一个整体的色彩系统和精致的环境品质，打造景观精品，如地面铺装，通过特定的而且具有模数对位关系的基本规格与尺度以及在材料质地、纹理、色彩、平面拼图等方面的仔细推敲，使之成为城市中最富有表情的景观要素，并使场地铺装与其所属的空间功能及其环境空间的意境达到完美统一。

在本项目的景观照明设计中，如何把照明的对象、空间结构、背景的明暗等因素综合起来考虑，是一个重点。充分利用水系的线状景观，产生映照在水面上的缤纷光影，这正是夜景的魅力所在；同时，充分考虑重要地点的照度，如桥、桥头、市民广场、码头、构筑物等，而对一些适宜风情活动的场所，如放焰火、捉萤火虫、放河灯、黄昏乘凉等活动，主要借助火光和自然光，景观照明设计时要保持一定的"暗度"，用微妙的

光亮，营造出场地的气氛；对于一些休闲、散步场所的照明设计，设置脚灯照明及导向照明，既使人看清前面的路，又要避免刺眼的光以及物体的影子，这些会使人产生不安全感；同时，精心处理照明对树木、水面、河岸等处产生的表面的微妙变化，以及人们驻留地点和光源的位置关系等问题，使整体环境重点突出，主次分明，闹中取幽，别有情调。最终形成"千灯入水照，璀璨夜生辉"的缤纷夜景观。

水上茶坊

佛山东平新城广场环境设计

项目规模：10.5hm²
设计时间：2014年
竣工时间：2015年3月

项目位于广东历史文化名城佛山市的东平新城，基址北面为新城的中心地带，四周分布为新城最重要的公共建筑。正北隔江相望的是佛山历史城区禅城区。因此场地不仅是新区的中心广场，也是贯穿佛山新旧城区轴线的南端节点——如何通过规划设计既展示新时代广场的民主、生态理念同时又体现历史文化名城的文化传统，成为此次方案设计的关键。

整体布局以广东的乡土树种"榕树"为理念并形成广场结构。"榕树"延伸的枝干，能满足交通和各种活动功能。生命力旺盛的"榕树"也寓意着佛山新城未来蓬勃发展。两个大型景观桥改变了以往广场单一的空间层次弊端，是一种新型适合市民游玩的立体式设计，同时提供了与过往不同的游览视点。

设计注重本地文化传统、人文特色的当代演绎。中央"山水广场"由造型现代的叠水瀑布和十二组广东名石——英石叠石而成的石景组成，成为市民日常娱乐和户外演出的舞台背景。"十二"对应民间传统的"十二生肖"，"十二生肖"象征黎民百姓，因此广场含有"福荫万民"的寓意。以石造景是佛山本地园林传统的当代演绎，与北面的佛山古典名园"十二石斋"遥相呼应。两侧的"花岛"树阵可满足市民日常社交的亲切空间，与中央大广场形成对比。"花岛"池壁使用佛山当地生产的特色陶瓷为贴面（本地建筑工艺延续）。廊架和亭子顶部使用彩色材料，呼应了岭南传统园林的"满洲窗"。两大灯柱延续"榕树"概念，结合雕塑艺术造型，将是市民喜闻乐见的地标。

十二月"花岛"以榕树枝干为结构，向东西两端延伸，分别布置大小不一的"花岛"，如硕果累累。"花岛"植被充分利用岭南地区的气候特点，以乡土植物营造月月有花，组成此起彼伏、花事繁盛的精致景观区域。

大广场可以容纳节庆活动的群众活动。山石水景跌

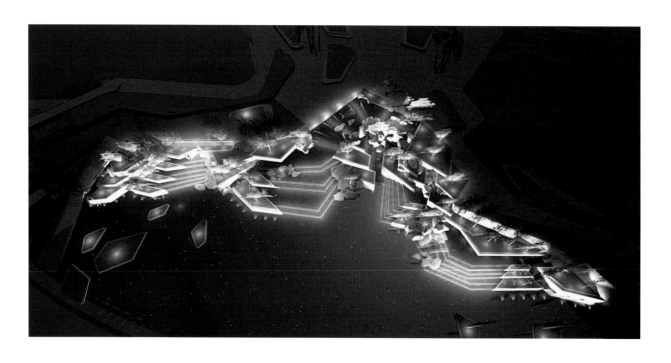

水和烟雾弥漫时可作为节庆活动的背景，衬托气氛；无水时水景台阶局部可以作为部分舞台，其下方浅水面退水后可形成活动场地，容纳更多群众，是一种可根据功能需要调节变换的景观设计。北侧两片大草坪则兼有复

合的功能，形成大楼前有市民家庭游玩的亲民景象，改变了市政广场过于严肃的形象。草坪南侧局部绿地可吸纳部分雨季降水并形成小面积的间歇性湿地，体现未来生态型城市广场的发展趋势。

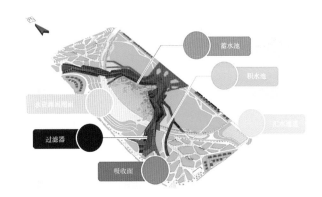

雨水花园系统组成1

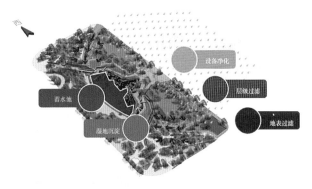

雨水花园系统组成2

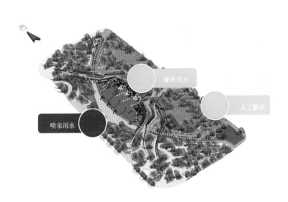

雨水花园系统组成3

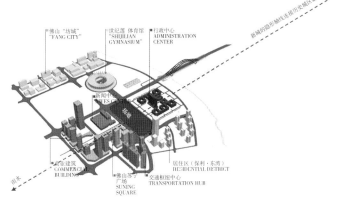

佛山东平新城广场

山水广场实景效果

连桥实景效果

景观桥面

4

城市开放空间

117

山水广场实景效果

连桥实景效果

花岛实景效果

细节实景效果

当地材料新演绎

惠州市民公园设计

项目规模：40hm²
设计时间：2014年

惠州位于广东中部，自古有"岭南名郡"之称。市民公园所在的江北中轴线北依象岭（市区尺度）；距罗浮山约16.7km（市域尺度），北距五岭约245.3km（省域尺度）；南临东江，距南海约56.4km；形成对应的轴线关系；因此从岭南地理大格局来看，惠州新中轴实际长度为300km，而1.5km的江北中轴线为其中心段。因此江北中轴应立于岭南名山江海之间，意义重大。

为了加强和体现惠州江北中轴线优越、独特的山水形胜，方案设计以"潮"、"峦"为元素，突出"潮峦交汇处，人杰地灵地"的设计理念。"潮"指大水面、水景和广场铺装，象征东江之潮汐引入轴线，也符合惠州平原为东江冲积平原的史实。"峦"指方案中的绿色地形，象征罗浮山、象岭的山体余脉延伸入轴线。

"潮"、"峦"交汇之处，必然是人杰地灵之地。惠州江北中轴线，体现现代山水文化特征，承载新时代惠州的文化、生态、城市新生活。

方案的总体结构仿佛一棵根深叶茂的大树扎根东江

鸟瞰图

之畔，向城市蓬勃生长，笔直的主干支撑起整体骨架，象征惠州发展的壮阔前景，缠绕伸展的绿枝形态表达自然有机生长的概念，与城市紧密相连。根据景观特征，中轴线通过中央蓝轴与两侧绿轴贯穿衔接三个区域：经山络水、湖寄东坡、情满东江。绿轴南北贯通形成生态廊道；中央的蓝轴形成风廊道，夏季风经东江、北湖公园两次降温后再经两侧绿廊多重净化，为原本炎热的空间带了冷空气，具有良好生态效益。

植物景观规划以岭南地区（惠州本土）乡土植物为主。利用种类丰富的观花植物、色叶植物、常绿植物等进行合理的搭配，同时根据不同地块的景观功能，合理进行植物色彩搭配，营造不同的环境氛围，使得植物四季花开不断且景观各异，并充分展现岭南传统特色植物景观。

市民公园提供复合功能多样的活动场地，引领时尚的城市生活，例如日常市民自发活动、节庆集体性文化演出。周边绿色地形连同覆土建筑具有阳光绿坡的功能，市民可以享受阳光或林下空间，改造后不规则空间边缘有利于聚集人气，适度的围合感使广场更有生机。

"东江水阔岸青青，山海城脉次第新，惠轮朗朗定南北，圆满人间都是情。"惠州市民公园将提振新城风貌，再现惠州"东江明珠、惠民之州"的绝世风采！

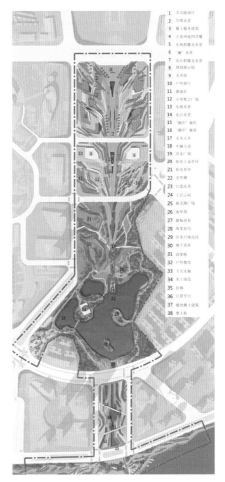

总平面图

夜景鸟瞰图

4 城市开放空间

深圳深港西部通道口岸环境设计

项目规模：工程设计总面积约118hm^2，其中港方场地约41.3hm^2，深方场地76hm^2，屋顶花园约0.7hm^2
设计时间：2004年9月~2006年9月
竣工时间：2007年5月

　　深港西部通道工程作为深港城市交流和香港回归十周年纪念的重要见证项目，有其重要的社会意义和价值。整个场地是在海边填海而成，是车流与人流高度密集的区域。

　　考虑其特有的社会意义和功能定位，环境景观设计主要有以下几个特点：

1. 融合区域文化，注重城市特色的表现

　　选用深港两地特色树种，绿化景观设计体现深港双方和谐统一又各具特色，选择两地著名的且深受人们喜爱的特色树种突出深港双方的特色，如港方的紫荆花，

深方的勒杜鹃，多选用色彩鲜艳的花灌木营造一派"华南滨海风光"。把设计重点放在强调城市与城市之间的友好关系展示上，在城市景观与空间环境设计上，强调对人的亲和力以及从各种功能上对人的关爱的强烈诉求。

2. 保障交通安全与顺畅

　　环境景观设计首先要考虑人流车流的疏导，确保区域的舒适、方便。为了方便车流快速通过，不影响驾驶者视线，场地绿化乔木选用有一定净干高、枝叶扶疏的树种，同时运用列植、群植等种植方式起到交通导向作用，以区分不同的区域和交通路线。交叉路口绿化考虑

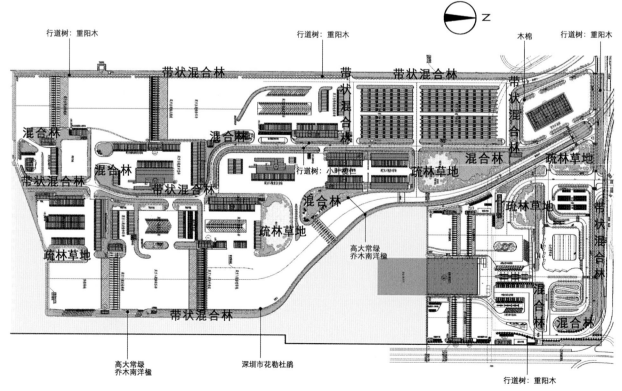

深方场地绿化总平面图

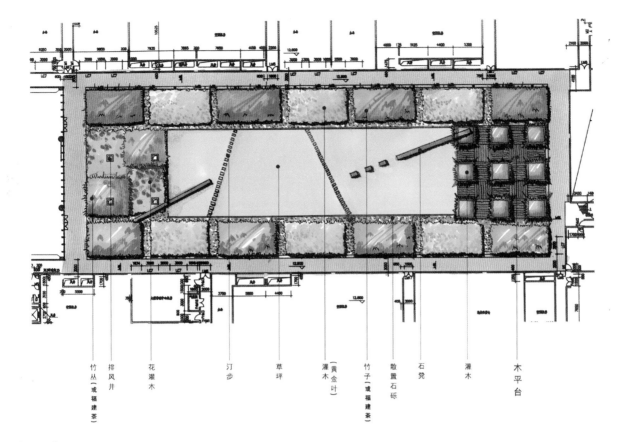

竹丛（或福建茶）　排风井　花灌木　　汀步　　草坪　　灌木（黄金叶）　竹子（或福建茶）　散置石砾　石凳　　灌木　　木平台

深方屋顶花园平面图

视觉三角形，避免影响交通，以低矮灌木地被为主，适当点缀主景树。在交通指示牌前避免种植高大的遮荫树，以免遮挡视线。

3．适地适树与改地适树相结合

西部通道用地主要是填海而成，基址位于海滨，风力、土地盐碱性较强，一般在植物配植时选用"乡土树种"，这样可以保证对本地水土的适应性。另外，为了丰富植物种类，也可选用长期生长于本地的外来优良树种，有时外来数种常常发挥巨大作用。对土地的改良工作需一个熟化过程，但绿地建设不可能花费太多的时间，在为特定景点引用一些外来品种时，对局部土地条件可作适当的调整，同时结合长远期的土壤处理措施，使之更能好满足植物生长的条件。

4．防尘降噪抗污染，生态环保

考虑到建成后交通繁忙，机动车大量排放废气，

噪声对场地周边住宅区的影响，因此对种植苗木进行了重点的选择，如抗硫化物、氮氧化物和滞留颗粒物的植物品种，有罗汉松、高山榕、樟树、芒果、小叶榕等。

5．降低建设与管理养护成本

货检区有大量汽车尾气，要求植物能够抵御车辆废气、生长健壮、管理粗放、少修剪。植物以常绿乔木为主，少落果落叶，减低维护及清理需求。

6．以人为本，营造愉悦景观

为保障出入境货检顺利、快捷进行，应避免大树遮挡视线，因此选用了高大乔木南洋楹、尖叶杜英、小叶榄仁等。中间的绿化隔离带满种灌木地被，形成简洁、愉悦的绿化带。在车流的等待时间内，有效利用植物造景愉悦行人的视觉和听觉，从景观心理角度缓解紧张状态。

深圳万科盐田壹海城中轴线环境设计

项目规模：6.5hm²
设计时间：2012年5月~2013年7月
竣工时间：2015年7月
合作单位：美国AECOM

深圳盐田区提出打造"质量盐田、幸福盐田"，以推进建设现代化、国际化先进滨海城区建设为指导思想。本项目是盐田中轴线项目的重要组成部分。盐田中轴线地处盐田中心区，临近盐田港口及盐田港工业区，靠近沙头角中英街、大小梅沙等著名游览区，地理位置优越，发展潜力巨大。项目用地主要功能为商业、办公、商务公寓、酒店、公共艺术中心、公共绿地等，是未来东部区域性CBD，盐田区的行政、商业、文化中心及景观中心。

项目建设包含入口广场、活动山丘、文化艺廊、公共活动场所、表演舞台、艺术水景、餐饮休闲、海滨长廊、欢乐嘉年华等多个功能区域，将公共广场与环境、商业、游憩、娱乐等活动相结合，丰富旅游产品结构，打造盐田滨海旅游新品牌。为海洋文化、音乐艺术、创意产业等项目的展示和发展提供了良好的机遇和场所，为市民提供了观山赏海、休闲娱乐的集中地，建造盐田特色山海旅游和文化旅游精品。

绿化设计遵循统一、协调、均衡、韵律四大原则，主题根据广场功能设定，注重绿化管理，满足不同需求。树种选择注重树形姿态、花香果趣、色彩搭配、季相交替。

5

滨水空间和道路景观

攀枝花市金沙江中心区段沿江景观规划设计

项目规模：186.5hm²
设计时间：2012年
项目获奖：中国风景园林学会优秀风景园林规划设计三等奖、深圳市优秀城乡规划设计三等奖

　　攀枝花是一个具有独特历史和山水风貌的现代工业城市，作为资源性城市，攀枝花工业经济总量在不断攀升，但同时环境污染、生态破坏亦日趋严重。随着国家西部大开发政策的实施，将攀枝花市发展战略重点提升到了一个新的高度，攀枝花市加快产业转型，转变经济发展方式，建设资源节约型、环境友好型、生态文明型现代化宜居城市，已成为攀枝花新一轮的城市发展目标。攀枝花的城市发展与金沙江联系密切，但由于地形地貌以及水位等原因，使沿岸的发展一直远离攀枝花的城市发展和市民的生活。从城市空间品质提升和市民游客日益增长的休闲需求来看，中心区段沿江两岸的景观打造已是迫在眉睫。随着金沙江沿江梯级水电站的建设，金沙江中心区段的水位将有所提升，这也为我们改造沿江城市环境、营造市民亲水活动空间创造了极佳的条件。金沙江沿江城市建设将成为攀枝花城市发展的有力"助推器"，本次攀枝花金沙江中心区段沿江景观的打造无疑将对攀枝花市产业结构调整、交通环境改善、生态环境保护和旅游发展等起到积极的推动作用。攀枝花市位于中国西南川滇交界处，金沙江与雅砻江汇合处，具有得天独厚的资源条件。

　　金沙江中心区段沿江景观规划设计地块位于城市建成区中部，该江段起于渡口大桥，终于两江交汇处，全长约16km，是市区内的最重要的江段，也是金沙江流经攀枝花市域范围内最中心的一段。设计中整理城市发展记忆，将文化与空间景观风貌结合，提炼地区文化符号，在建筑设计、公共艺术、色彩规划中延续传统风貌、建筑风格，巧妙运用地域文化符号，形成山水俊秀、诗情画意的城市河谷。

　　目前"钢城"是攀枝花最深入人心的形象特征，要突破这个单一的"硬朗"形象还要更进一步挖掘利用阳光资源，建立攀枝花"刚柔并济"的城市气质和养生宜居的城市形象。

　　桥梁的博物馆。利用连续、集中出现的不同时期、结构、造型各异的桥梁，建立沿线桥梁景观序列，通过完善桥梁色彩、景观灯饰照明、桥面绿化、标识，并将桥梁和桥梁对景作为沿线重要的景观控制节点，诠释攀枝花"桥梁博物馆"的独特形象。

　　建筑用材承接工业废料再利用。承接攀枝花的工业材料利用链条，鼓励选择经济合理的建筑节能技术，有效地利用资源，尽量降低建筑物使用过程中的能耗。积极发展新兴墙体材料和绿色高性能混凝土，逐步淘汰实心黏土砖，充分利用矿渣、粉煤灰等工业废料。

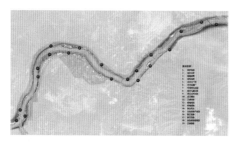

总平面图

构建滨江走廊——优化交通网络

夜景效果图

金沙儿童乐园

水花园效果图

江滩览胜

银江花园

窄山若水效果图

河南省平顶山新区滨湖景观带

项目规模：110hm²
设计时间：2001年

湖滨景观带全长11.4km，北依新城区，南临白龟山水库，总规划面积110hm²。现状生态环境优美，有开阔的景观视野，完成区段已吸引和聚集了人气，本次完成的设计范围是湖滨公路东段两侧控制的绿地，是已完成部分的延续。西起扈家口桥，东至姚孟电厂，道路长3836m，规划面积38.8hm²。设计理念为人文与自然的共生，记忆与理想的回归。

水源保护关键词：白龟山水库。园内主要服务设施、厕所设置在湖滨路北部的区域，市政管网相连，杜绝对水库水源的污染；湖滨路地表水向南侧可排入内湖，使雨水通过园内湖泊、湿地生态系统得到净化，渗入水库，确保水库水源不被污染。

生态自然关键词：滩涂、鱼塘、鸬鹚、湖滨景观带、紫金山公园、凤凰山公园。现状优美宜人的自然环境，体现了人与自然和谐共生的生活状态。北侧用地在未来规划中作为城市山地公园的定位，既是园区的天然生态屏障，同时也为园区构建了背山面水的山水格局。

风土人文关键词：东留村、白龟望月、中原文化。中原文化是整个滨水景观带的文化基底，向人展示平顶山的一种精神力量和文化继承。本规划结合前期的设计，为新城区创建真正的标志性景观。营造人与自然和谐共存的生态湖滨景观序列，结合基址自然条件和地域文化特征塑造整体形象。打造一个生态、休闲特征鲜明的城市地区，为城市居民提供生活休闲舞台，建立连续的滨湖游览路线、多类型的开放空间和滨湖观景点。

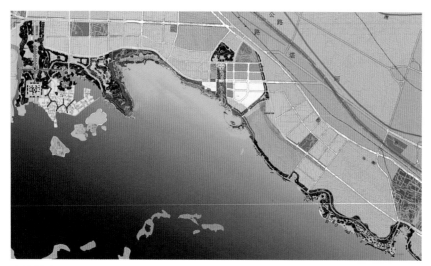

湖滨带总图

内湖区效果图

湖滨公园沿湖

深圳大沙河生态长廊景观设计

项目规模：45.6万m²
设计时间：2015年

大沙河，发源羊台山，汇注深圳湾，是深圳"四带六廊"基本生态格局中山脉支撑带和滨海生态带之间的重要廊道，被誉为南山的母亲河。深圳大沙河生态长廊景观工程范围位于中下游，由于污染和工程建设干扰，眼前的河段生境破碎，廊道功能及生态过程中断，如何恢复河流生机，如何重建其历史文化载体功能，是对设计师的重大挑战。

秉承中国"天人合一"哲学思想和生态设计理念，试图重建生物与人类互动的廊道系统，融城入河，唤醒活力。重点打造生物机械滤水花园、龙井生态文化公园、大冲芳草园三处主题节点，营造多元化标志性景观，形成以西丽水库、塘朗山、深圳湾多个生态源为辐射，以河流为骨架，以周边城市绿地链接为脉络，以栖息地恢复为节点的多层次生态廊道网络体系。针对鸟类、鱼类、两栖类和小型哺乳类动物，新增栖息地生境和生存迁徙路径，同时通过鱼道、哺乳动物通道、人工引鸟设施、停留桩等设计保证动物迁徙的无障碍路径。通过低冲击开发模式，恢复区域自然水文状态，选择合适区域建设多个与大沙河联通的湿地，减低防洪压力及控制雨水污染，满足人与动植物的需求；坚持生态友好型的景观设计，采用如低干扰夜间照明、可循环建材、园内收集雨水资源化利用等系列措施，践行节能减排。

营造连接山林生态系统与海洋生态系统的"植被廊道"，为山海间的物种交流创造条件，同时营造精彩纷呈的河流植物景观带。

鸟瞰图

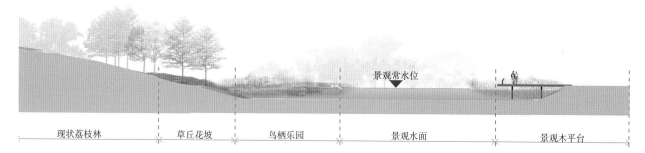

| 现状荔枝林 | 草丘花坡 | 鸟栖乐园 | 景观水面 | 景观木平台 |

景观常水位

生物机械滤水花园详细设计

放生池效果图

透视效果图

生物机械水过滤花园鸟瞰

鸟瞰图

深圳市福田河综合整治工程景观设计

项目规模：约3.9km，面积约40hm²
设计时间：2009年
竣工时间：2012年4月
合作单位：深圳市水务规划设计院
获奖情况：中国水利工程优质（大禹）奖、中国河流奖银质奖、广东省优秀工程勘察设计三等奖、深圳市优秀工程勘察设计二等奖、
　　　　　深圳创意设计七彩奖大奖、深圳创意设计优秀奖、"中水万源杯"水土保持与生态景观设计三等奖、国际风景园林师联合会
　　　　　（IFLA）杰出奖

　　福田河为深港界河——深圳河的支流，位于深圳市市区中心，北起梅林坳，依次穿越梅林、笔架山公园、中心公园，沿福田南路在皇岗口岸东部汇入深圳河。河道原流态基本为线形分布，干流全长6.8km，流域面积15.9km²。由于河道满足不了防洪要求，水质污染严重，亲水性差且无景可言，2008年市政府决定对其进行综合整治，通过区域绿道设计并结合中心公园提升改造，提高河道防洪能力，改善水质，使河道两岸景观生态化，成为有水可亲、有景可观的生态河道。

　　以生态治理为指导思想，以满足河道防洪要求为前提，通过截排污水与初期雨水、利用再生水补水、水质净化改善、岸坡生态改造、景观绿化等措施，使河道水质得到明显改善，恢复河道的生态景观功能，并营造怡人的滨水休闲空间，为市民提供近水、亲水、赏水、玩水的环境，满足市民亲近自然与赏景游憩的需要。

　　在满足防洪滞洪要求的前提下，结合中心公园的总体规划，我们提出"绿化"+"蓝化"+"人性化"的改造对策，用自然元素表现自然，构筑自然，重建具有

河水乌黑发臭

河道护岸多处破损

福田河原貌，三面光现象突出

河道现状

生物多样性的生态河流，营造"人与河流对话"的亲水休闲空间。

其中，"绿化"指福田河河岸设计强调立体绿化设计的概念，利用不同的标高形成台地绿化及斜坡绿化格局，两岸共同培育具有生态绿谷感受的景观。"蓝

化"+"人性化"是通过扩大局部水面，强化河水与活动场地的有机结合，充分满足人们的亲水要求，因地制宜地设置多种驳岸形式，并使不同的驳岸形式相互穿插，打破行人沿河漫步的单调感，给人亲切、多变的感受，满足游人的游憩心理。

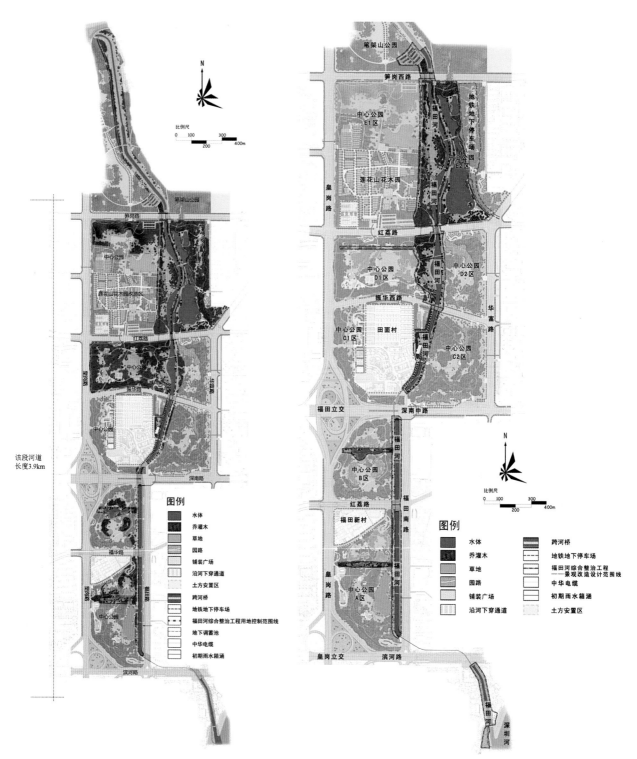

穿越中心公园的福田河总平面　　　　　福田河景观设计总平面图

A段河道现状与改造效果

E段河道现状与改造效果

湿地生态岛中盛开的美人蕉颇为壮观

福田河中嬉戏的人群

沿河下穿通道绿意盎然

园林建筑与清清河水相映成趣

从城市中心区穿过的福田河

前海桂庙渠水廊道试验段工程项目

项目规模：4.9hm²
设计时间：2013年3月
竣工时间：2013年12月
项目获奖：广东省优秀工程勘察设计三等奖、深圳市优秀工程勘察设计二等奖

为了更好地落实"前海水城"的核心规划理念，为区域内河道水系统的建设提供数据支持及指导，前海局、前海投资控股公司提出了示范试验先行，启动前海合作区桂庙渠水廊道试验段工程（以下称"试验段工程"）。项目位于规划航海路与东滨路交叉口以东350m，现状桂庙渠南侧，该地块为前海填海区，现状地势平坦，高程为4～5m。试验段工程选取规划桂庙渠范围内一段60m长的河道进行建设及数据研究。

桂庙渠水廊道试验段工程继承前海水城概念规划的"神"，落实前海合作区水系统专项规划的"形"，在设计方案中从行洪主槽至前海城区，落实四部分内容的试验包括河道结构的优化调整、构建滨水湿地、水岸空间的创造、满足多样化生境需求的开发理念。主要规划设计特点如下：

1．河道结构的优化调整

本方案在遵循"一槽、两滩、双沟"的规划理念框架上，将一河多岛的形式演变成行洪主河道与红树林浅滩生态区两个部分。主河槽满足桂庙渠排涝行洪要求，连接河槽与生态绿岛的石笼护坡随着潮涨潮落控制着生态绿岛槽内的水位，随着水位的高低变化，生态绿岛会产生涨落区，通过种植伴生红树植物及部分水生植物模拟未来桂庙渠的美丽自然风景。

2．构建滨水湿地

进行人工湿地及水体循环试验，对多种湿地的处理效率、形式、污染负荷及植物的选配等方面进行试验，其中设计垂直流人工湿地约900m²，其水力负荷为

0.8m³/（m²·d），处理水量为700m³/d；水平潜流人工湿地约为700m²，水力负荷为0.5m³/（m²·d），处理水量为300m³/d。

3．水岸空间的塑造

淡水湿地以景观性较强的水生植物呈阶梯式种植，形成色彩缤纷的景观色带，同时在分割箱涵上种植生态带消隐人工雕琢痕迹，在出水口处安置景观置石，散植部分水草，显得更为生态自然，在淡水湿地和生态绿岛上架设曲折自然的亲水木栈道，连接缓坡疏林草地及参观游览步道，木栈道考虑观赏停留要求，在重要节点位置适当拓宽栈道宽度，有效地结合周边场地环境。

缓坡疏林草地通过塑造微地形及生态草沟合理疏导排水，形成疏林、密林和阳光草坪等丰富的植物空间，展示风景优美的植物景观。

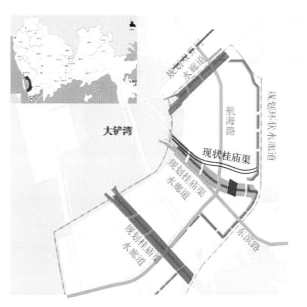

桂庙渠试验段项目基址（选择在规划改道的桂庙渠河道断面上）

4. 营造多样化生境

桂庙渠与海连通，为咸淡水交汇水域。在试验段南侧与桂庙渠主槽交界处，主槽涨潮时水会漫过石笼，成为咸度低于主槽的咸淡水，适合半红树植物生长。在此处浅滩湿地种植乡土半红树植物黄槿、海芒果、水黄皮，营造自然的湿地植物景观。

在遵循"一槽、两滩、双沟"的规划理念框架上，

对主河道区域的结构方式进行优化调整，一河多岛的形式演变成行洪主河道与红树林浅滩生态区两个部分。主河槽满足桂庙渠排涝行洪要求，连接河槽与浅滩区的生态堤坝随着潮涨潮落维持浅滩区内的稳定水位，为鸟类、鱼类、爬行类动物提供多样化生境；与此同时，地表径流通过植草沟汇入雨水湿地，净化后的水流补给红树林浅滩生态区，保持淡水调蓄水量。

植物选择上需考虑耐盐碱和抗风性强的植物品种，

■ 防（洪）潮标准

防洪标准：100年一遇
防潮标准：200年一遇

■ 水面线计算——洪潮组合外包值

桂庙渠汇水面积14.72km²
100年一遇洪峰流量232m³/s

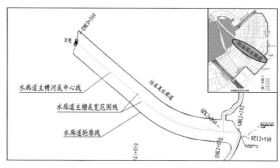

桂庙渠水面线成果表

桩号	现状河道水面线(m)	平均潮位遭遇百年一遇洪水水面线(m)	设计潮位遭遇平均洪水水面线(m)	规划水廊道设计水面线(m)	现状河底高程(m)	设计河底高程(m)
0+000	3.03	2.12	3.03	3.03	-2.17	-2.17
0+500	3.11	2.21	3.04	3.04	-2.12	-2.12
1+000	3.17	2.28	3.05	3.05	-2.07	-2.07
1+500	3.22	2.34	3.06	3.06	-2.02	-2.02
2+026 HZK3+000	3.26	2.38	3.07	3.07	-1.97	-1.97
HZK3+500	3.5	2.46	3.08	3.08	-1.82	-1.82
HZK3+930	3.66	2.53	3.09	3.09	-1.69	-1.69
HZK4+630	3.84	2.59	3.10	3.10	-1.48	-1.48

桂庙渠试验段防洪设计及水面线技术计算

桂庙河水廊道断面参数				
	主槽			水廊道总宽度(m)(含主槽、两滩)
桩号	底高程（m）	主槽底宽度（m）	边坡系数	
GMK0+000	-2.17	40	3	245
GMK2+026	-2.00	40	3	245
GMK2+202	-1.97	40	3	245

桂庙渠试验段河道断面技术参数

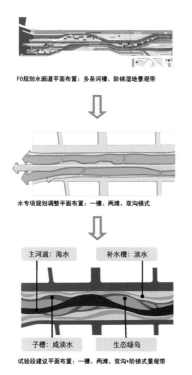

F0规划水廊道平面布置：多条河槽、阶梯湿地景观带

水专项规划调整平面布置：一槽、两滩、双沟模式

主河道：海水	补水槽：淡水

子槽：咸淡水	生态绿岛

试验段建议平面布置：一槽、两滩、双沟+阶梯式景观带

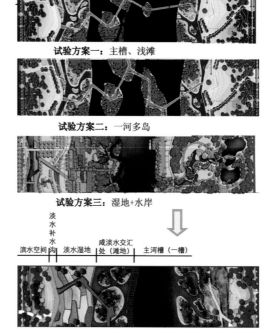

试验方案一：主槽、浅滩

试验方案二：一河多岛

试验方案三：湿地+水岸

最终方案：一槽、两滩、双沟、阶梯式景观带

桂庙渠试验段河道结构方案设计推演过程

根据试验段不同功能区域进行配置，如都市旱地休闲区，植物选择以隔噪防尘、冠大、高分支、开花性植物为主；湿地净水区主要功能为污水处理，植物选择以耐水湿、净污强的开花植物为主；试验段南侧与桂庙渠主槽交界处，主槽涨潮时水会漫过石笼，成为咸度低于主槽的咸淡水，适合半红树植物生长；浅滩生态区通过种植伴生红树植物及部分水生植物模拟未来桂庙渠的河道人工自然生态。

灵活选择海绵城市技术措施及其组合系统，包括建设植草沟削减市政道路面源污染；在设备选择中，偏向于低能耗LED设备，及能够储存利用太阳能或风能的路灯设备，减少城市雨水径流排放，避免雨天路面积水，同时可补充地下水、降低路面温度和调节气候缓解城市热岛现象，在材料选择上以透水砖、透水混凝土和生态袋为主，促进城市土壤与大气的水、气、热交换。

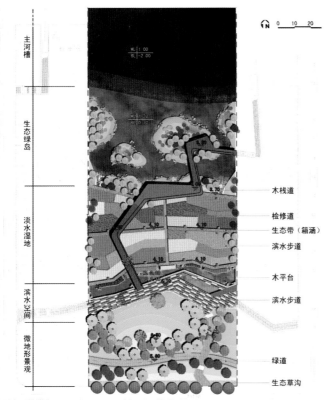

试验段平面

红树林生境体验游览栈道效果图

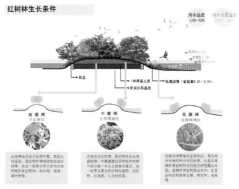

浅滩区红树林植被生长恢复分析

种植设计

——人与自然和谐共处，实现共生、共荣、共乐

植物群落空间营造

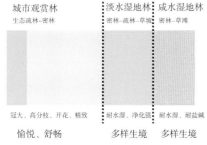

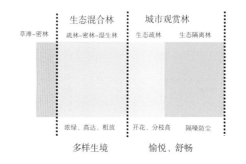

试验段多样植物群落空间营造

主河道与浅滩区连接水域

生境体验栈道

初期雨水弃流设施——排水口

垂直流净水湿地

雨水花园

惠州市金山河水清岸绿工程设计（惠州市金山河小流域和水环境综合整治工程）

项目规模：35万m²
设计时间：2012年9月
竣工时间：2015年12月
合作单位：深圳市广汇源水利勘测设计有限公司
项目获奖：中国人居环境范例奖、广东宜居环境范例奖、广东省优秀工程勘察设计二等奖、广东省优秀城乡规划设计表扬奖、深圳市优秀工程勘察设计一等奖、惠州市优秀工程勘察设计一等奖

　　金山河项目位于广东省惠州市惠城区，是流经市区的主要排洪渠道之一。流域包括金山河干流和横江沥支流，全长约10km。其源头发源自红花樟山区激流坑山塘，河道在市区形成分流，东汇金山湖，北入西枝江。

　　金山河常年雨污混杂，垃圾漂浮，臭气熏天，加之两岸居民区密集，一直是市政改造呼声最高的一处地方。为了改善污水排放，同时改善民生和提升城市居民生活品质，在惠州市主要领导人的主持下，在惠州市规划局、水务局的大力推进下，在水务集团的全力执行下，本项目定位为市区最重要的生态景观走廊。金山河水清岸绿景观设计五大目标是"生态、文化、特色、贯通、变化"。

　　规划上打破原有"水是水，岸是岸"的固有专业分工，从城市总体规划角度上对河道进行综合开发利用。针对现状，设计上采用了"多层次交通+立体式绿化"的方式，根据现状狭长的场地条件，设计了适宜市民亲水休闲的多层次立体滨水漫步空间，在解决机动车交通

和非机交通难题的基础上，丰富且多种多样的亲水岸线成为本项目的一大亮点和特色，打破了原先河道沟渠一般的笔直观感，创造了宛如自然河道一样的蜿蜒亲切感。同时，对于不能拆改的原有垂直驳岸，运用多种生态材料和植被将原来生硬突兀的驳岸改造成绿意盎然的都市滨水绿色屏障，使两岸垂直狭长的河岸具备了迷人的魅力，又避免大规模拆建。

　　金山河工程所处区位为惠州传统中心城区，具有领衔惠州文化源流的重要作用。经过多方案比选，最终确立了以传统材料与建筑风格为本项目的设计元素。金山河工程材料全程除透水混凝土以外，均采用岭南建筑园林里的青砖、麻石、青石板等，而在石栏杆、坐凳、廊架等小品的细节上也尽量采用岭南传统文化特色符号。在项目体量最大的管理处、金山阁等景观建构筑物的设计构思上，充分吸收岭南本土传统建筑的雕梁画栋木漏窗形式并将之发扬光大，使金山

平面图

金山河水清岸绿景观总平面图

河项目不但在细节之处，更在宏观之处体现出非常浓郁的岭南文化特色。

金山河工程景观营造尽量结合现有水利处理设施。比如利用截污渠上建设的优美的滨水栈道，利用河道闸口建设的金山阁，利用水利补水设施建设的人造瀑布。本项目的水电及监控设施也不是独立存在，而是充分融入城市设施中提升了其实用效率。项目不但与水利设施充分结合，也与城市交通道路充分融合，真正创造出一条似乎本来就生长在此地的河流。

济南市玉符河综合治理工程景观规划设计

项目规模：331hm^2
设计时间：2013年

本项目建设地址位于山东省济南市，属黄河中下游地区，华北中纬度地带，季风明显，四季分明，冬冷夏热，雨量集中。

玉符河位于西部新城，是一条季节性河道，发源于泰山北麓，上游有锦绣川、锦阳川、锦云川三条支流，三川汇入卧虎山水库，流出水库后始称玉符河，向北流入党家镇境内，经丰齐一带至古城村南，折向西北于北店子村注入黄河。全长39.0km。流域面积827km^2。河水出卧虎山水库后，自寨而头村以下明流逐渐减少，河水大量下渗补给岩溶水；西渴马村以下变为季节性河流；至丰齐以下地下水溢出，逐渐恢复明流。现在小清河源头处有睦里闸与玉符河联通，通过提闸放水，可向小清河注水。玉符河下渗的河水是济南诸泉的来源之一。

"草木芳菲润两岸，绿廊环绕染玉水"——以乡土植物形成复层生态廊道，两岸设计护坡、护岸及净化水体植物，共同构建玉符河崭新面貌。

植物景观结构："三带、多节点"。

"生态防护林带"：管理路/自行车道至绿线。

"生态护坡"：放坡线至子槽。

"生态林带"：现有荒地、裸露地等需改造区域。

沿线设置多个植物景观主题节点。

依托山水田园的机理，以玉符河为纽带，串联山林、湿地、农田、村落以及历史、文化、艺术等资源，以建设水生态文明示范区为目标，描绘出集生态功能、滨水景观、科普游憩、文体休闲、乐活养生于一体的美丽画卷。

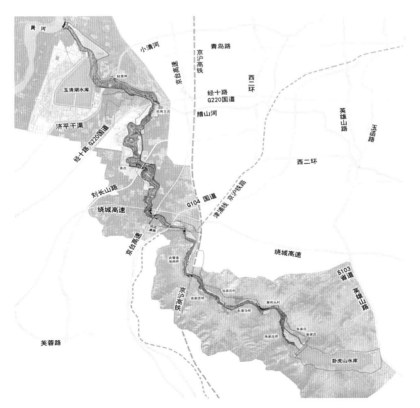

规划总图

深圳机场南干道（含机场路）景观改造工程

项目规模：13hm²
设计时间：2009年12月
竣工时间：2011年5月

机场路西起机场候机楼前中央环岛，东接广深高速宝安机场出口。本项目为机场路（107国道立交—站前环岛段，标准段双向八车道）1.2km的景观改造工程。

设计以深圳"海、城、山"本底环境特色为灵感，以"繁花、彩叶、绿衣"展现深圳四季繁花多彩的地域植物景观特色，营造宾至如归的氛围。首段"棕榈汇芳"选用棕榈科植物、花坛结合现有雕塑水景塑造滨海城市特有韵味，反映出"海"的特色。中间段"林荫花道"以开花乔木与大型木质藤本结合展现南国特有的植物景观，道路两侧绿地采用从矮至高的植物种植方式，营造宽敞、大气的整体道路景观视觉效果，显现出"城"的气度。107立交段"层林叠翠"采取生态密林—疏林—灌木—缓坡草坪—垂直绿化立体生态植物配置模式，体现深圳生态园林城市风貌，表现出"山"的生态自然。

南干道为城市次干道，选择抗风、耐盐碱的树种如蒲葵、黄槿等进行绿化。

总体鸟瞰图（远景）

机场路中间段方案一效果图

107国道立交局部春景效果图

广州科学城科学大道绿化升级工程设计

项目规模：道路长约5km，绿地总面积约20万m²
设计时间：2009年5月
竣工时间：2010年11月

科学大道位于科学城高新技术产业开发中心区，西起大观路，东止于开创大道，是重要的东西交通连接线，贯通科学城的主要高新技术产业区，两侧分布了多家国内外知名高新技术企业，承担部分过境或城区内长距离交通及高新技术产业中心区主要交通与科学城形象展示的多重功能，具有重要的区域性地位。

道路景观的设计要点归纳为如下两大特性：

1. 整体性

整条大道景观统一中有变化，强调通过植物的形式与色彩等形成大气整体的印象，使设计一气呵成。

2. 特征性

利用现状，结合周边环境与地形，采用借景的手法，营造山水园林生态景观大道，在具体设计上注意绿化种植的空间疏密与品种选择，考虑山水景色与街景的相互渗透。

科学大道路端点中央绿化带上的雨水花园首开道路景观设计先河，把雨水收集和景观设计巧妙地结合在一起，设计理念超前，向社会传递了环保、节水的理念；与科学城的社会环境契合，体现了科学创新的精神；并成为区内其他道路景观改造模仿的对象。

海南三亚市道路景观专项规划

项目规模：1919km²
设计时间：2011年

三亚市位于海南岛最南端，地理坐标位于北纬18°09′34″~18°37′27″，东经108°56′30″~109°48′28″。有大小港湾19个，是中国最南部的滨海旅游城市，也是我国唯一的热带滨海城市。独特的区位条件，决定了其弥足珍贵的资源条件，也决定了其作为中国南海战略要地、南疆门户城市的地位。

1. 城市道路景观发展需求及现状分析

依据三亚城市发展定位及城市发展现状，分析城市道路景观发展需求，回顾国内及三亚城市道路景观发展历程。通过实地调研，分析道路横断面构成、植物景观、街道配套设施及慢行环境景观现状，识别道路景观发展面临的主要问题。

2. 城市道路景观总体规划

以城市发展定位为指导，借鉴道路景观建设相关理论，学习国外城市道路景观建设成功经验，明确三亚城市道路景观发展目标，提出指导道路景观建设的提升策略；依据城市发展特征及相关规划，确立城市道路景观结构体系、景观风貌分区及道路分类。

3. 城市道路景观分项规划指引

依据道路景观发展总目标，提出构建城市绿道网的规划指引，对构成道路景观体系的植物景观、公共艺术、铺装景观及街道配套设施展开专项研究，明确各专项景观的发展目标及建设指引。

4. 城市道路景观分类及规划建设指引

在确定的道路景观风貌分区及道路景观分类体系下，从道路景观空间、横断面构成、植物景观、街道设施、公共艺术等方面，提出各景观风貌区不同景观类别道路的景观建设指引。

5. 重要道路景观概念方案设计

对确定的城市重要景观道路提出标准段景观概念方案设计，明确道路平面、横断面布局及总体景观效果，提出植物景观、公共艺术、铺装、照明等方面的景观指引及方案意向。

"山海一体绿相接，城景相融花穿绕"，规划构建三亚城市绿色葱茏、花繁四季、具有独特热带风情的道路景观，融山、海、河、城于一体。使之具有绿荫蔽日的通行走廊和缤纷多彩的花海之路，追求开敞融合的道路空间与悦目、闲适的休闲体验，以自然生态、热烈奔放、开放包容的道路景观形象，展现"美丽三亚"的旅游城市风貌，凸显热带风情。

自行车道　　机动车道　　自行车道

深汕特别合作区G324国道市政化改造工程勘察设计

——绿化专项设计

项目规模：25.52km×60m（长×宽）
设计时间：2014年10月
合作单位：上海市政工程设计研究总院（集团）有限公司

本项目位于海丰县西侧，自西向东横贯深汕特别合作区内，是国道G324福昆线汕尾段的重要组成部分，也是汕尾市向西连接惠州、深圳，向东连接汕头、厦门的交通要道。从地理位置来说，本项目是汕尾市西部地区重要的重要过境道路，是汕尾市东、西向交通的主要通道。

本次植物设计以"绿廊芳花扮深汕，桂秀飘香景宜人"为设计理念，营造出生态、休闲、大气的地域性特色，展现深汕合作区新面貌。

在整体风貌控制下，根据周边用地情况，充分利用植物观赏特性，分为三个特色段和多个重要节点（本部分在下阶段详细踏查后设计），不同的主题观赏植物、色彩搭配，形成不同视觉风景的享受，分别为花林迎宾、绿荫芳林、紫薇献彩。同时结合车行速度和观赏效果，分车绿带以600~800m为标准搭配，交替成景。

西邻惠东，下深汕高速进入合作区的入口段，约10km，周边用地主要是工业用地。本段突出红、粉色系植物色彩，车行空间营造出热烈的迎宾氛围。同时采用抗污染强植物品种，形成工业区生态健康林。

本段为中间段，约6.5km，周边用地主要是居住用地，设计时突出粉色和黄色系植物色彩和芳香植物，营造出温馨舒适的出行氛围，同时路侧绿带公园化，便于市民休闲。

设计策略

硬质景观
硬质景观突出城市特色文化。车行道黑化，绿道彩化，人行道灰化，即车行道采用黑色沥青，绿道采用红褐色沥青，人行道采用灰调透水砖，环保又耐脏。

城市家具及小品
结合当地文化和深汕合作区发展特色，进行专项选择设计，体现地域特色。

植物景观
结合周边情况，植物景观丰富化，乔、灌、地被、草坪复式种植为主，营造出优美的风景线。绿道和人行道间配置遮荫树形成舒适的林荫空间。分车道突出特色观花植物观赏效果，同时营造四时桂花香。

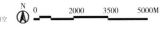

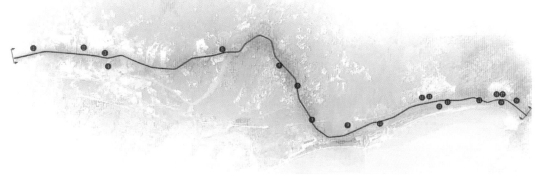

深汕特别合作区G324国道市政化改造工程勘察设计

总平面图

图例　● 高潮桥　● 厦深高铁　● 深海高速公路　● 创业大道　● 新泾村　● 岩公村　● 鹅埠桥　● 石牌村　● 图内村　● 鹅埠镇　● 厦深高铁鲘门站　● 西园社区　● 圆墩大桥　● 新乡村　● 鲘门镇人民政府　● 吉水门桥　● 海丽国际高尔夫球场　● 鲘门收费站　● 洛坑村

图号　TB–S–05　时间　2014年10月

高速——北林苑——第三节点透视

第四节点透视

第六节点农田透视

第八节点透视

第七节点标准段透视

珠海横琴新区市政基础设置BT项目非示范段道路园林景观工程（环岛东路）

项目规模：18hm²
设计时间：2012年6月
竣工时间：2013年12月
合作单位：中国市政工程西南设计研究总院有限公司
项目获奖：深圳市优秀工程勘察设计三等奖

珠海横琴环岛东路中段山体边坡覆绿工程位于珠海横琴国家级经济技术开发区，是目前从珠海城市核心区进入横琴岛经济技术开发区的必经之路，横琴环岛东路中段山体景观位置特殊，该工程施工期1年，跨域汛期，施工期间水土流失严重。

环岛东路山体部分坡面裸露，景观严重遭到破坏，边坡的水土流失给道路造成严重危害。我院承担了"环岛东路山体景观工程水土流失治理"的设计任务，在组织相关技术人员勘查现场后，最终完成了"环岛东路山体景观工程水土流失治理施工设计"，深度为施工设计阶段。本次主要针对项目区存在的裸露边坡及硬化坡面进行水土流失治理，边坡治理面积约为30191m²。

珠海横琴环岛东路中段山体边坡工程做到了传统水土保持与城市水土保持的有机结合，特色之处在于布设的水土保持工程措施和绿化措施充分地与景观、美学相衔接，在选用水土保持树种时兼顾园林景观，避免景观的单一性和植物群落的不稳定性。在设计中遵循协调性、可持续发展以及美学等原则，因地制宜地将水土保持措施与园林景观结合起来，营造出品位优雅、美学质量高的环境空间。

设计尝试并成功地采用新的理念与新技术，改变了传统浆砌石护坡设计的理念。

（1）实现工程护坡和生态护坡的科学结合，因地制宜采取措施。

（2）动态设计、动态施工、科学管理、不断试验、改进。

（3）实现近自然的生态恢复，可持久的坡面复绿，自然演替。

（4）使用环保生态袋装填种植土，采用锚杆固定，在石壁边坡上构建深层土壤，为植被生长创造条件。

（5）改进喷混植生技术，使用双层挂网加V形槽，增加岩质边坡基质厚度，使植被长久、持续生长。

（6）排水沟的优化设计，生态排水沟的应用，有效利用水资源。

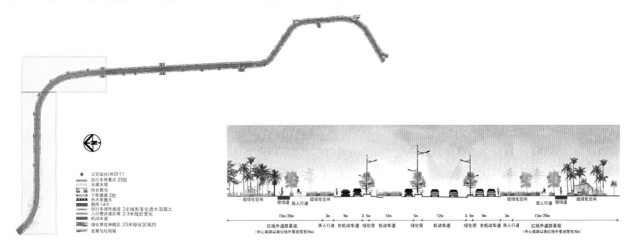

绿色生命段总体设计

环岛东路

山东微山湖大道景观设计

项目规模：长度6km，设计面积约18万m²
设计时间：2013年4月
竣工时间：2013年10月

本项目是微山县政府为了迎接2014年的山东省运会，与我院合作完成的一条景观大道。项目南接微山国家湿地公园，北与滕州交界，力求将微山湖大道打造成为展示整座城市形象的迎宾大道。道路功能满足联系外部与风景区交通，同时成为市民绿色休闲带。整体景观定位为大气、热情，具有视觉冲击力和吸引力，成为微山的"长安街"。

项目分为改造提升段与扩建新建段。其中改造段横穿城市街区。主要策略为增绿添彩，增加行道树，增强迎宾感，同时丰富植物观赏层次。新建段毗邻城市新区，连接景区，通过增设慢行绿道，休憩空间，营造微地形和多样植物空间，形成绿色公园带，丰富市民休闲生活。

在迎宾节点设计了和风画卷与景观廊架，营造浓郁迎宾感，同时体现微山荷花之都的文化特色。湿地公园节点结合湿地景观，引人入胜，富有野趣，将城市与自然很好地衔接。体育馆周边景观节点更加强调其运动感与可参与性，让体育精神融入园林设计中。

我们从规划入手，因地制宜，就地取材，尊重场地的自然精神内涵，植物配置尽量选用本土品种，石品点缀以本地石材为主。倡导低碳理念，针对在本路段低凹处设置生态水沟，延缓雨水下渗，沿线形成雨水花园，极具自然野趣，增强市民对可持续生活模式的认知，共创水乡园林城市。

6

住区、国宾馆、医院、商业综合体景观及建筑环境

深圳市紫荆山庄环境设计

项目规模：22.98hm²
设计时间：2011年12月
合作单位：泛亚环境国际有限公司、广州园林建筑设计院
获奖情况：中国建设工程鲁班奖（国家优质工程）、中国建筑学会建筑创作奖、中国风景园林学会优秀园林工程大金奖、全国优秀工程
勘察设计一等奖、全国人居金典建筑规划设计环境金奖、广东省岭南特色规划与建筑设计金奖、亚洲都市景观奖

紫荆山庄（原1130工程）位于深圳市南山区北部的西丽水库南岸，依山傍水，风景秀丽，总用地面积为22.98万m²，为香港中联办的科研、会务、接待中心，并与深圳市西丽湖度假村、野生动物园、西丽乡村高尔夫俱乐部、麒麟山庄等旅游、休闲、度假区为邻，使得项目生活配套设施齐全，环境优美，景观资源丰富。

本项目以新岭南现代建筑为特色，以水源地保护为前提，将传统园林的造园手法融入自然山水之中，建设生态自然的和谐园林。优化水源保护林地，融入岭南文化元素，构建人与自然共生的理想乐园，打造回归自然、朴实健康的生态景观，为使用者营造优美舒适的办公、会务、休闲环境，体现"人文与自然的共生，记忆与理想的回归"的境界。

1. 景观主题

将新现代岭南风格的建筑与自然山水结合形成有岭南韵味的山水园林。

2. 水源保护

西丽水库为一级饮用水源保护区，环境景观设计建立生态性水岸保护体系，阻断地表轻度污染又必须排入

位置索引图

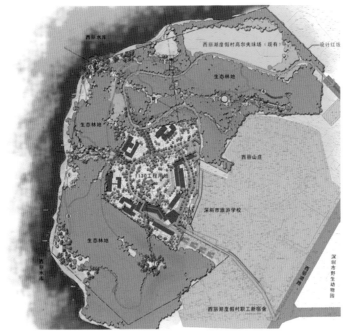

① 阳光草坪
② 拓展训练场地
③ 水塔登高
④ 林中索廊
⑤ 春华秋实
⑥ 水芳研秀（茶室）
⑦ 绿林探幽
⑧ 林间小道
⑨ 疏林草坪
⑩ 冷风揽月（冷风亭）
⑪ 倚秀亭
⑫ 悠然亭
⑬ 听水亭

总平面图

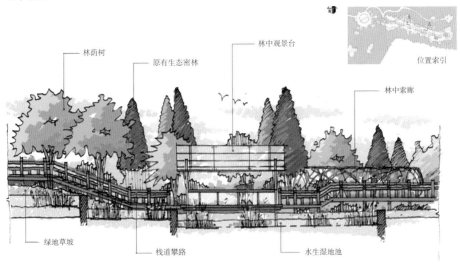

位置索引

山野砺趣A—A剖立面

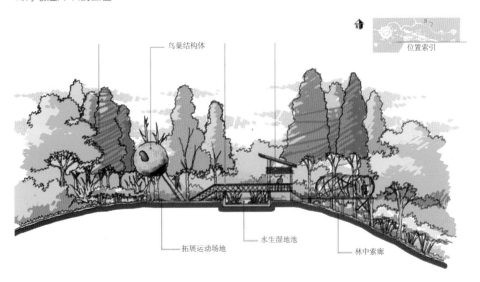

位置索引

山野砺趣B—B剖立面

住区、国宾馆、医院、商业综合体景观及建筑环境

6

水库的雨水，采用湿地净化的方式清除污染物，以确保水源不被污染。

3. 生态环保

充分发挥场地自然景观优势，保护现有原生林，局部梳理、完善及加强植物景观特色，营造一个绿色、亲水的原生态自然环境。

4. 朴实健康

设计以人为本，充分考虑户外游赏与康体的需求，满足散步、休闲、观赏、攀爬运动等多样化功能，为使用者提供闲适优雅的户外活动空间。

5. 自然和谐

营造多层次林地生境，构建西丽水库片区的动植物无障碍生物廊道，形成结构稳定的良性生态系统。

（1）遵循生态优先原则，修复山体，加强保护水源地。

（2）因地制宜，尽可能地改造原有景观，废弃物再利用，坚持低冲击开发理念。例如项目将现有水库旁的一个废弃泵房改造成景观效果极佳的小型茶室；将废弃的圆形水塔改造成一个攀岩运动场地，将废弃的饮水沉淀池，改变为拓展训练场地。

（3）以人为本，创造可持续发展的景观。项目保留大片原有林地，营造地带性植物景观。梳理林中现有土路，林中局部穿插为人提供有氧健康运动的林中小道，形成连续的游路，营造一个绿色、亲水的原生态环境。

（4）技术创新，完善生态系统，健全生物廊道，通过打通生物廊道使物种自由的传播和繁衍；开发和节约能源，设计风光互补的太阳能一体灯；水污染的净化，阻止城市周边的工业和生活污水进入水体；采用新材料、新技术，用生态的建造方法和环保的材料进行建设，如大面积的广场铺装用透水性铺装，停车场建成绿色停车场，垃圾桶采用环保型材料，分类回收垃圾等。

（5）设计创新，本设计在场地中营造风格协调统一的新岭南园林景观，并设置连续的水面，体现本土文化与场所精神的同时，兼顾可持续发展的要求。设计创造了有特色的可持续发展的公共空间结构，配合特征鲜明的游览空间序列，营造形散神不散的景观系列。

深圳·园林设计计年（实践篇）

春华秋实景区

紫荆迎宾

深圳麒麟山庄和麒麟苑环境设计

位置：深圳市西丽湖
面积：42.16hm²，建筑面积：26720m²（不含麒麟苑建筑面积）
竣工时间：麒麟山庄：1997年；麒麟苑：2011年
合作单位：深圳市陈世民建筑设计事务所有限公司

深圳麒麟山庄位于深圳西北郊，是深圳市政府迎香港回归"一号工程"。山庄环境结合别墅风格，建有法国、意大利、夏威夷、美利坚和西班牙式的庭园。结合每栋别墅的不同位置与环境，以及不同的建筑风格，建设高标准、高格调、高层次的别墅园林环境，利用多种生态环境，如阳生、阴生、湿生、沼生、水生、岩生等，体现景观多样性与生态多样性的原则，使人工环境与自然环境融为一体。选择适地生长、生长期长、造型佳、有特色的观赏植物，结合麒麟山麓地带原生常绿树为基调，大力发展色叶树种，山庄增添绚丽多彩的背景。植物配置从景观整体效果着眼，着重群体美化和林冠线的节奏变化，做到春花烂漫、夏荫浓郁、秋色绚丽、冬景苍翠；四时有花，处处成景。

深圳麒麟山庄和麒麟苑坐落于深圳市南山区麒麟山麓，风光秀丽的天鹅湖畔，是深圳市定点的政府会议、住宿接待酒店，是深圳第26届世界大学生夏季运动会、历届中国国际高新技术成果交易会和中国（深圳）国际文化产业博览交易会等盛会的官方酒店。

山庄占地面积88万m²，其中拥有4万m²的水面面积，绿化面积69万m²，绿化覆盖率达96%。山庄交通便利，自然环境优美，园内山水交融，亭台水榭，鹭飞鹤翔，充分展示了人与自然的和谐统一。建筑与自然和谐共生，曲径通幽，楼楼相望，互成景观，将生活空间完美地融入自然空间之中。徜徉于葱葱绿叶、花香鸟语

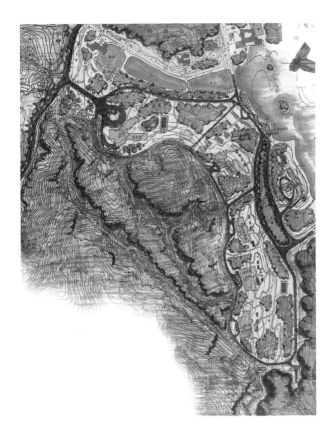

致的园林式建筑群体，风格融汇中西、各具特色，每栋别墅既各自独成体系，又曲径通幽，楼楼相望，互成景观。

沿着山庄网球场和西里高尔夫球场往前是深圳麒麟苑，其环境优雅，是个养老的好去处，钓鱼、赏莲、下棋、观竹、散步、运动，都能满足市民放松身心、去疲惫的需求。绿草美树，湖光山色，洗去都市喧嚣，受用一片人间静土。

1.格物：水边钓鱼台，石驳围堰养鱼，可赏莲、石、鱼等；2.致知：花园高处写瞰山水馆邑，一目了然；3.诚意：山丘边的安静休息场地，场地周围栽植刚竹，雅致清幽，修身养性；4.正心：池边安静修养的康复花园，种植保健植物；5.修身：林间的健身运动场地，场地以花中君子——"兰"烘托出"修身"主题；6.齐家：沿道上麻石镌刻的朱子家训，以观赏禾草为特色，禾草虽羸弱，但生命力顽强，烘托"齐家之道"；7.治国：散步道边的棋坪茶台，以"不老松"——龙血树表达国家长治久安的发展之路；8.平天下：嵌于坡上的五色五方台，象征社稷，周边榄仁类植物以纵向型的树形表达"邀月，平天下"的意境。

之中，呼吸着自然的芳香，感受着阳光、微风和这一份清闲与宁静，如诗如画的湖光山色带来的是喧嚣都市中难得的自然享受。由别墅群和贵宾楼组成错落有

山西五台山栖贤阁迎宾馆落架大修工程景观设计

项目规模：21.18hm²
设计时间：2012年
获奖情况：中国勘察设计协会"计成奖"三等奖

栖贤阁迎宾馆位于中国佛教"四大名山"之一的山西五台山台怀镇南坡村西北约100m处，东北距离台怀镇约5km；用地东至观音洞与龟山山麓，南至观音河南岸及南侧山脚下的部分花坡，西北至清水河，总面积约21.18hm²。原址栖贤寺在1976年拆除，修建了五台县烈士陵园，1980年代建成栖贤阁宾馆。现存康熙碑一座。

场地位于山谷围合的山间台地，东侧靠山西侧开阔，地势东高西低，为观音河与清水河"二龙"交汇处。场地位于西面林地茂盛，青杨成林，沿河岸灌草长势良好；栖贤寺遗址背后的龟山山顶有七棵栽于明代的百年古松与古围墙遗址。

此次改造立足高起点、高标准、高品位，秉承以人为本、和谐共生之理念，以一流的规划、一流的设计、一流的施工，将文化、建筑、园林景观、现代设施融为一体，景观设计充分体现生态优先、因地制宜、园林造景、文化寓意与人文关怀原则，通过有效整合、功能改造及景观提升工程，提高宾馆的品质性、趣味性和人文性，通过水系与绿色的组织形成优美、丰富的宾馆景观环境。

项目以建造五台山首个体现生态养生概念的宾馆为目标，融合五台佛学精神、栖贤寺圣贤文化与康疗养生思想，以湖面与水系为脉络，建设一个四季有景可赏，层次丰富，人本关怀设施完善，具有深厚地域历史文化内涵与高雅艺术品质的迎宾馆园林景观，为贵宾带来一流的休闲、娱乐与度假养生设施享受。

亮点1："圣水湖畔青杨荫，云山依傍金莲映；佛国伽蓝现胜景，栖贤九客礼尚宾。"以"佛"为设计灵魂；以"贤"为设计主旨；以"水"为设计主线；以"绿"为生态背景；以"养生"作为设计主体。

亮点2：栖贤"九客"：琴、棋、禅、墨、丹、茶、吟、谈、酒。"九客"为士大夫园居生活的主要内容，规划以"九客"文化为主题策划九个文化养生景点，群贤毕至，体现栖贤文化主题。

亮点3：营造"一轴——栖贤文化轴"和"小湖叠大湖"的空间格局。通过水、园路、园建和植物的组织，营造入口迎宾轴、栖贤文化轴、宾馆庭院区、观音河景区、栖贤湖景区、南悠湖景区、生态风景林等功能活动区，形成"一轴、两湖、三园、五要素"的总

栖贤湖景区—伶珠阁

栖贤阁宾馆区—栖贤文化轴人视效果

体结构。

亮点4：引用《清凉山志》中的诗句"嘉木森森，名花竞发；秀出千峰，瑞草夹径"。五台山冬季寒冷、夏季凉爽的气候条件，使得五台山植物景观体现为"四季分明，鲜花满地"的特点，而夏季是五台山游览的最佳季节，也是游人比较集中的季节，因此，设计中突出季相特点和景观特色植物的设计。打造"花香、荷风、果趣、松翠"的大美之地。

广东梅州大埔县瑞山生态旅游度假村规划设计

项目规模：770hm²
设计时间：2013年

依托基地的山水生态优势，以健康养生为核心理念，以世界客都为文化内涵，打造集养生度假、商务会议、文化体验、休闲旅游为一体的顶级生态养生目的地。瑞山生态旅游度假村共规划六大景区。分别为琴湖景区、云谷景区、天池景区、南山景区、桃源景区、琼林景区。

瑞山生态旅游度假村建筑的基本设计理念是根据瑞山的总体规划设计定位及现状场地特征，进行有重点、有秩序、有节制的第二自然再创造。建筑的功能立足于总体规划的要求，充分发掘瑞山自然山水景观对建筑本体的提升作用，并力求与之融为一体。在建筑风格上，为了体现舒适恬淡的养生休闲旅游氛围，以现代主义的自然风格为主调，根据不同景区功能的实际需要及地块特点进行有针对性的风格选择，并恰当融入当地的文化因子。建筑物的体量及规模将根据

规划需求进行严格控制，以单层和多层建筑作为园区建筑的主要构成单位，并在必要的位置上兴建标志性的建筑物或构筑物。

1. 塑山理水，创造充满灵气的山水格局

对瑞山现有的山水资源进行梳理，充分利用周边丰富的水资源，形成最佳的山水格局和完善的水系统，同时通过多样性水景观的营造，创造优美的山居养生度假环境。

2. 打造特色项目，提升旅游区的吸引力与竞争力

围绕瑞山泉与药用花田，引入与其相关的水疗spa、药膳药浴、花浴香薰、酒坊等特色项目，形成独具瑞山特色的养生产业，提升旅游区的吸引力与市场竞争力。

3. 引入高功效植物，拥抱绿色，畅享自然

结合现状植被进行最具养生效果的植物改造设计，引入最新植物康复疗法的研究成果，用所筛选的高功效植物和配置模式进行植物设计，以保证景区内养生效果的最大化。

4. 融入传统养生理念，打造瑞山养生天堂

引入客家中医、国学六艺、宗教养生和红色文化等与养生主题相关的文化理念，融入景区项目中，提倡结合文化，养身—养心—养身的全面养生理念。

围绕养身-养心-养心之道，游憩项目分成饮食养生、医疗美容养生、居住养生、文化养生、生态养生、运动养生六大养生活动板块，以饮食调养身体，医疗美容养护身体，居住放松身心，文化陶冶情操，生态平和心态，运动提升能量，以体验活动为主，观光活动为辅，打造瑞山养生精品。

规划建设生态功能稳定、景观野趣自然并富有多种休闲养生专类功能的乡土山林植物景观；形成融体验自然、园艺理疗、观赏游览为一体的度假区植物景观。

总平面图
广东瑞山生态旅游度假村总体规划

0 50 100 200 400 800m

度假村总平衡表

名称	用地面积（m²）	占景区用地比例（%）	备注
绿地	7376866	95.77	
水体	115341	1.50	常水位
道路广场	169424	2.20	
建筑	39288	0.53	建筑占地面积
合计	7702319	100	

注：建筑面积100500平方米

景点名称：
1.主入口
2.游客服务中心
3.叠翠湖
4.叠泉飞瀑
5.琴湖
6.雅趣馆
7.汽车营地
8.琴韵小筑
9.拓展营地
10.户外运动俱乐部
11.浣花溪
12.瑞泉湖
13.流水山庄
14.特色养生园
15.音画梯田
16.云谷联排别墅
17.五彩叠泉
18.品茗轩
19.运动中心
20.会议中心
21.隐萃堂VIP会所
22.登云台
23.幽谷禅院
24.风铃谷
25.聆风台
26.天池
27.瑞峰（原喇叭岭）
28.览胜阁
29.云顶餐厅
30.红色文化游线
31.森林度假屋
32.庄园牧场
33.云峰（原大坪顶）

景点名称

1.云谷联排别墅
2.五彩叠泉
3.主体酒店入口广场
4.主体酒店
5.主体酒店后花园
6.空中桥型餐厅
7.大型生态跌水
8.滨湖高端餐饮
9.飞瀑
10.湖心岛
11.中医养生餐馆
12.中医特色SPA馆
13.百草居
14.登高溯溪
15.登高平台

广东海丰田园沐歌温泉旅游度假村景观设计

项目规模：24hm²
设计时间：2012年6月

度假村环境设计以保护与合理利用自然生态为前提，以传统养生哲学思想、风水思想为指导，以温泉与溪流为线索，以人的需求与度假区功能要求为指向，塑造以东南亚异域特色为主要风格，融合地域文化，与自然生态协调统一的度假区景观。

汕尾田园沐歌温泉旅游度假区背靠的莲花山为粤东沿海第一高峰，状如一朵盛开的莲花，故名莲花山。莲花是美好、善良、圣洁、宽容大度的象征，其品格和特性与佛教教义相吻合。佛教文化中强调"养神、养行、养德"、"禅功养生"等修养教义。

度假区位于原有客家村落所在的山间盆地，为群山所包围，环境优美，具有田园文化和客家文化的场所特点。田园文化：陶渊明诗歌里面的"方宅草屋，绿树繁花，远村近烟，鸡鸣狗吠"，强调回归自然、寄情山水、清新脱俗的修身养性的情怀。客家文化：团结奋进、渔樵耕读，对异族文化的博采和涵化。

为增添度假休闲氛围，引入东南亚地区半岛和海岛亚热带风情，营建热带森林景观。崇尚自然、健康与休闲的风格，充分运用热带气息雕塑和马赛克、木纹等粗朴材料，通过茂密的绿化与依水而建的特色形成浓烈的异域休闲风情。

此项目共有九处泉眼，其中六处为温泉泉眼，三处

总平面图

为冷水泉眼。每处泉眼都进行了景观化的处理，使得泉眼也成为度假村的一景。

九处泉眼与整体东南亚风格相统一，蕴含莲花山的地气，与佛教中的禅意相融合，构成了名为"九色莲花"九处泉眼的景观。

"九色莲花"在佛教中是清净、圣洁、吉祥的象征，特别是以莲花出淤泥而不染，来比喻诸佛菩萨出于世音而清净无染；莲花柔软美好的形貌，也被用来比喻佛陀的相好圆满。由于莲花丰富的内在含意，每处泉眼分别代表一种色彩的莲花，分别以"赤、橙、黄、绿、青、蓝、紫、黑、白"为九色莲花的代表色，每处泉眼以各自色彩配合九种不同的处理手法展示九种不同的莲花景观，铜制莲花结合泉眼构成出水香莲。设计中分别以红陶制作红莲、橙色玻璃钢制作橙莲、亮铜制作黄莲、绿陶制作绿莲、青花瓷制作青莲、蓝色琉璃制作蓝莲、紫砂制作紫莲、黑陶制作黑莲、白石制作白莲。

国家开发银行三亚研究院景观设计

项目规模：4.55hm²
设计时间：2008年
获奖情况：深圳市优秀工程勘察设计三等奖
合作单位：香港华艺设计顾问（深圳）有限公司

　　国家开发银行三亚研究院位于海南省三亚市西南角三美湾，由国家开发银行总行投资，国家开发银行海南省分行管理使用，定位高规格的专家疗养接待场所和国家级高层金融决策研讨会议中心。随着中国与东盟经济圈、上合组织经济圈联系日渐密切和人民币业务逐渐开拓至国际市场，作为世界第二大经济体的中国需要一个完善的对外金融服务和研究管理体系。三亚市是我国南端城市，直接与东盟经济圈相邻，同时随着海南岛成为国际旅游岛，在此背景下国家开发银行将努力协助将三亚打造成为南疆最重要的金融服务标杆口岸城市。

　　三亚研究院项目所在地背山面海，远离城区，宁静且景色优美。以北是海拔200多米的岩质山体，南侧有弯月形天然沙滩。一年四季均可享受一线蔚蓝海景和旭日阳光。红线内场地呈南北倾斜状，平均坡度接近20%。建筑布局采用组合环抱式，以独立的2层专家公寓、5层高的主体建筑围合成环抱之势，与周边山体和南侧大海将内部庭院围合成独立的空间，内部园林因为现状地形坡度较大，故采用了台地结合无障碍的园林设施。在北侧山体和南面沿海一侧等寻常难以利用的陡峭岩体和海边礁岩地带，将设计观光木栈道以提供散步休憩、赏海登山活动。

　　研究院与外部通行主干道沿山体弧度布局，将山体和建筑分开。沿山体一侧进行林相改造，以营造进入研究院范围内如同进入森林的感觉。主楼前入口利用场地高差设计了美丽的小品和灵动的叠水景观，四季开花的绿化环抱两端，随时恭候贵宾的到来。穿越二层的入口大堂可以俯览大海美景和绿荫庭院。主建筑正南侧大型矩形镜面溢水复合型水景内，装置荷花琉璃灯，倒映建筑光影的同时将主体建筑内部的景观视线延伸至大海，与水景南侧的台地花园及兼做室外会议、活动休闲大草坪构成南北走向的景观主轴线。室外会议草坪东侧分布着室外餐饮、茗茶以及游泳池功能休闲区域；西侧是呈折线形布置的专家楼，环绕专家楼西侧设计了温泉池和无边泳池，其南侧是迷你高尔夫草坪以求在小区域内提供尽可能丰富的活动内容。周边山旁的木栈道，又进一步丰富并延伸了内部庭院的活动空间，来此疗养工作的人可以登山，可以赏海。对于场地最南部的天然沙滩，将来规划进行人工移礁铺砂以扩大使用面积，可以满足最大容量的海滩休闲使用需求。

内庭院夜景

台阶夜景

海天问道

云顶翠峰

竹海探幽

山林的景观

观沧海

内庭院景观

规划中沙滩（专业公司设计）

N

① 外联主干道 ③ VIP专属庭院 ⑤ 中央大草坪 ⑦ 室外大泳池 ⑨ 室外网球场 ⑪ 海边小码头 ⑬ 海边木栈道 ⑮ 竹林铁索桥 ⑰ 椰风雨林
② 主入口水景 ④ 中轴线水景 ⑥ 会议大草坪 ⑧ VIP游泳池 ⑩ 会议室入口 ⑫ 规划中沙滩 ⑭ 休憩小木亭 ⑯ 竹林探幽径 ⑱ 岩生植物园
⑲ 热带雨林区 ㉑ 竹海林区 ㉓ 竹海林区
⑳ 风水林区 ㉒ 花果林区 ㉔ 花果林区

总平面图

无边泳池

中央草坪

咖啡厅

花池台阶

石滩

日照市御景东方居住区环境设计（二期）

项目规模：2hm²
设计时间：2014年

项目为市型商业街。东侧为在建的小区三期、四期。环境设计考虑楼前为院落状的活动空间，符合人们传统的内敛含蓄的性格取向。

以植物围合，使景观层次自然过渡：邻里院落——公共院落。二期以喷水廊架和儿童活动场地为中轴线，成为儿童、老人活动的中心，其余五个庭院的活动场地中各有一点状水景，场地围绕水景和休闲亭廊为中心展开，既能活跃气氛又能节约造价。架空层的设计中引入绿地，并且设置儿童攀爬、棋牌、乒乓球等设施。

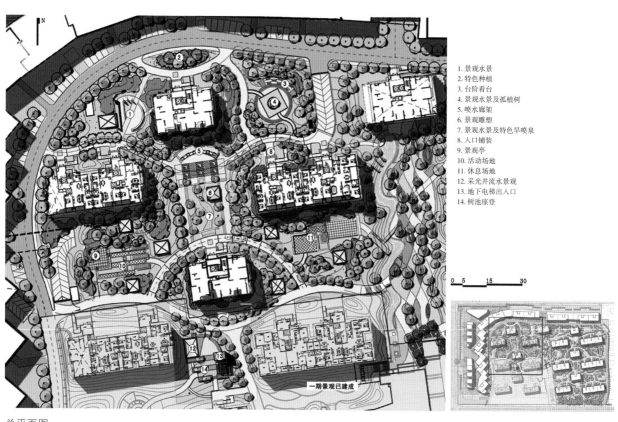

1. 景观水景
2. 特色种植
3. 台阶看台
4. 景观水景及孤植树
5. 喷水廊架
6. 景观雕塑
7. 景观水景及特色旱喷泉
8. 入口铺装
9. 景观亭
10. 活动场地
11. 休息场地
12. 采光井流水景观
13. 地下电梯出入口
14. 树池座登

总平面图

深圳华侨城欢乐海岸环境设计

项目规模：68.6hm²
设计时间：2011年6月
合作单位：美国SWA集团
获奖情况：全国优秀工程勘察设计行业三等奖、中国风景园林学会优秀风景园林规划设计二等奖、广东省优秀工程勘察设计二等奖、广东省岭南特色规划与建筑设计铜奖

深圳华侨城欢乐海岸北湖湿地公园位于欢乐海岸的北面，该公园定位为是一处水体和保护湿地的自然公园，在城市化进程中寻求自然保护和城市发展平衡的一种方式，也是与深圳湾红树林自然保护区密切相关、互为补充的鸟类自然保护地。

设计以"保护、修复、提升、效益"为总的原则。

北湖湿地公园总体布局在保护现有自然林地、沼泽和水生植物区域的同时，仍能够为公众提供限定的可达性。植物种植设计充分考虑鸟类保护的需求。园区所有的材质以自然材料为主，增加与自然的贴近度，尽量减

少人为痕迹。环湖道路的布置尽量减少人的活动对鸟类的干扰。道路材质以碎石为基础，表面以透水混凝土、透水砖为主，实现生态环保、低碳的理念。保留边防岗亭成为深港边防的历史记忆。沿湖布置木栈桥或木栈道观鸟塔，提供赏景赏鸟体验。

充分考虑鸟类保护的需求。建立与周边环境相对分隔的宁静环境，以多层的植物搭配使外围的视线不能穿透。增强公园的绿量，提高生态效应。从水生植物到草地、地被、灌木、小乔木、大乔木等，使其稀疏、高低相宜，以护鸟为主，兼顾观景。

设计总平面图

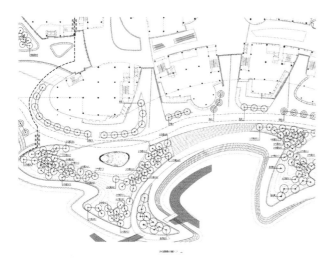

北区种植设计图1

北区种植设计图2

北区种植设计图3

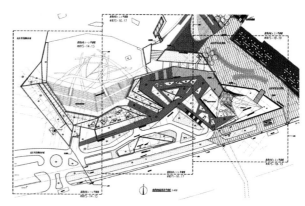

重要节点施工图1

重要节点施工图2

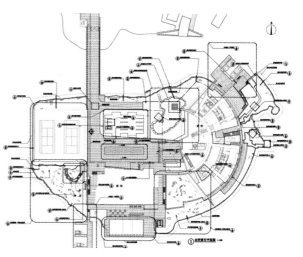

重要节点施工图3

深圳中航城九方购物中心环境设计

项目规模：3.8hm²
设计时间：2015年12月
合作单位：美国SWA集团（景观）、RTKL国际有限公司（建筑）

本项目为深圳市中航城D2及G、M/H地块景观设计，类型为大型城市商业综合体，风格为现代、简约，注重体现商业氛围，内容包括商业建筑周边环境及建筑架空花园设计。

项目特色介绍：

地面层以硬质铺装为主，营造舒朗的绿化环境，配合商业、商务的景观特色，着重突出美丽异木棉、凤凰木等花繁叶茂的植物景观，形成多彩、热闹，简洁、通

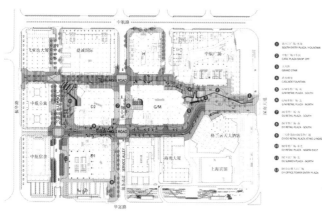

一层景观平面图

下沉广场北部效果图

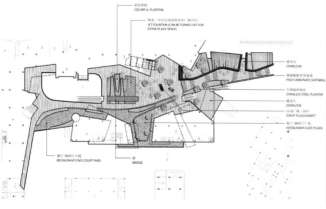

二层景观平面图

大台效果图

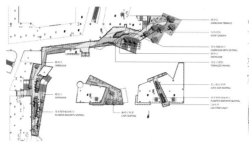

三层景观平面图

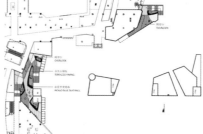

四层景观平面图

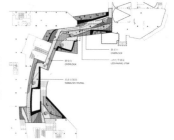

五层景观平面图

透的氛围。主入口大台阶由厚重的台阶延伸到二层商业购物广场，大台阶右侧是两个跌水喷泉，最引人注目的是红飘带亚克力灯箱，引导人们通向二楼爱情广场。

二层购物广场由两个板块组成，一个是由四种不同色系的石材组成的爱情广场，另一个是约会广场。在

爱情广场中间有约150m²的旱喷水景，增加广场的趣味性。旱喷区域的铺装延续大面积铺装的铺贴方式。

三层、四层地面铺装采用琥珀色琉璃石、天蓝色琉璃石、茶色琉璃石、金黄色琉璃石、绿色琉璃石等，并设计了橘黄色亚克力灯箱。

惠州金海湾度假区岭南风情购物街环境设计

项目规模：5.1hm²
设计时间：2010年

　　金海湾度假区岭南风情购物街位于惠州金海湾旅游度假区的中部，用地面积5.1hm²，于2011年5月正式落成。项目定位为历史文化主题区，以海洋文化、客家文化为主线，融合文化观光、特色餐饮、休闲购物、精彩演艺等功能，打造集天后宫、古戏台、渔家生活娱乐主题馆、滨河酒吧街于一体的岭南文化风格仿古街。

　　在项目用地中有原有天后宫一座，也是广东省最大的妈祖庙，广东潮汕地区以出海打鱼为生的居民对妈祖的敬仰都是代代相传、有增无减，天后宫无疑会进一步增加金海湾在珠三角以及广东地区的知名度和影响力。

　　基于"天后崇拜"文化的盛行，景观设计以现有

"天后宫"为核心，以"风调雨顺，四海龙王朝圣母；太平盛世，五洲赤子庆丰年"为主题，在增强对文化传承的同时，也从物质和精神两个层面，增加街区的商业氛围、人文气氛和生活氛围。

　　此次设计天后宫位置不变，主要商业街充分围绕天后宫布置，保留和延伸原有天后宫的轴线关系。天后宫延伸向海湾的轴线，酒吧街蜿蜒的水街轴线，河岸开放广场面向天后宫的轴线，共同构成建筑群的脉络。交通组织在考虑人车分流和满足消防要求的前提下限制进入街区的车流，集中和沿基地周边解决停车；沿路的餐饮商业各自都设置了分散停车位，方便自驾就餐停车，同时也增加沿路餐饮的商业价值。

河岸空间效果图

1. 充满活力的商业空间

本项目本着尊重古老文化的原则，在遵循自然环境为先导的基础上，打破了现代建筑刻意追求轴线对称的僵化思维，依托天后宫及自然水岸线，通过人流动线、空间节点，采用错落有致的自由式布局，不仅使当地的原始地形地貌得以完整保存，而且创造出多个无拘无束、活泼多样的商业空间，使得街道充满自然活力和变化，没有一丝呆板气息。天井和院落本身是岭南传统聚落中建筑内部最重要的开敞空间，传统的聚落生活基本围绕着天井展开。

我们在设计中有意识地完善建筑内部天井空间以及建筑组群之间院落空间的设置，将庭园引入室内，把庭园引入大厅、把庭园引入房间内、把庭园引入屋顶层，一方面利于建筑内部传统空间的记忆在现代商业氛围中的文化提示，另一方面也有利于商业空间的人流组织。通过外部街巷和内部院落的组合，把街巷流动的人流引导到建筑内，又从一个院落引导到另一个院落，形成一个穿透的富趣味的空间序列，同时也营造出一个热闹繁荣的商业氛围。

2. 变化丰富的滨水岸线

充分利用变化的自然水岸作为基底，以增加建筑物

可观赏的优美自然风光。设计了直接座落于水上的临水建筑，也有甲板式、台阶式和硬质驳岸等驳岸形式，丰富人们的临水体验。

3. 精致怀旧的文化景观要素

斜风细雨入墙来。扑面而来的中国经典建筑元素固然能一下子吸引人们的视线，勾起人们的怀旧情结，但它们不能是独立的，它们只有与现代化的生活方式相结合，方能使建筑、人文、地理相映成趣。结合各组团形式，设置多种文化场景式空间，引用景墙、花窗、凉亭、石椅、木凳、长廊、旧照片、枯井、古树、渔具等多种元素，勾起久居繁杂喧闹环境的都市人们对闲适恬静的古镇生活的怀念情怀，同时增加旅游人群的客家文化生活体验。

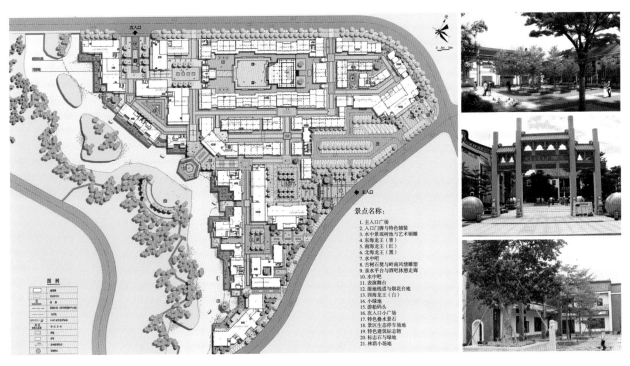

景点名称：
1. 主入口广场
2. 入口门牌与特色铺装
3. 水中景观树池与艺术铜雕
4. 东海龙王（青）
5. 南海龙王（红）
6. 北海龙王（黑）
7. 水中吧
8. 古树石凳与岭南风情雕塑
9. 亲水平台与酒吧休憩走廊
10. 水中吧
11. 表演舞台
12. 湿地栈道与烟花台地
13. 西海龙王（白）
14. 小绿地
15. 游船码头
16. 次入口广场
17. 特色叠水景石
18. 景区生态停车场地
19. 特色建筑标志物
20. 标志石与绿地
21. 林房小场地

总平面图

洛阳财富中心环境设计

项目规模：68774m²
设计时间：2011年
合作单位：深圳市非元素景观设计有限公司

该项目位于洛阳市新区，面向亚洲最大的开元湖音乐喷泉，坐落于市政府和音乐喷泉的中心轴线上，由牡丹大道、永泰街、展览路、常兴街围合而成。此购物中心处于现有开发中居住建筑的中间位置。地块北部边缘东侧和西侧为规划中的办公大楼、SOHO以及酒店等建筑。项目用地面积68774m²。该场地东西宽度约为280m，南北长度约为245m。从东西通向场地道路的宽度是16m，北侧的展览路宽度是15m，南侧牡丹大道的宽度是20m。

该项目基址上将建成一个包括地上4层的大型购物中心，地下停车场，设备房及人防工程的商场建筑。景观总设计面积约5.6万m²，由两大体块组成：室外园林景观及购物中心顶部的屋顶花园。整个景观的平面构架沿袭了千年帝都的方正、对称构图，这种网格状的形式创造了调色板的效果，既丰富了视觉，又减少了大尺寸的空间，创造更多的可近距离接触的花园空间来吸引使用者。

1. 功能性原则

财富中心的景观设计在满足商业需求的同时，兼具市民休闲活动广场的性质，将"功能性"、"观赏性"、"参与性"有机结合。

2. 生态性原则

把财富中心基址与周边环境作为一个整体进行考虑。通过绿地与水体的设置，将建筑与周边环境串联成一个有机的整体。并用生态原理进行设计，极力营造一片充满活力的"绿洲"。

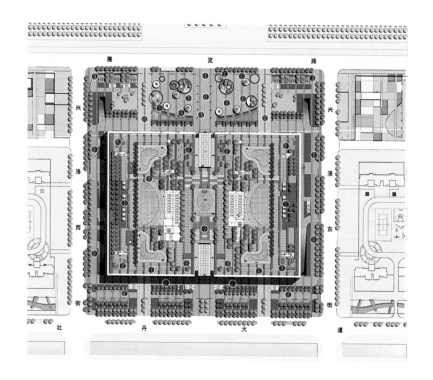

图例说明
1. 入口水景
2. 多功能活动场地
3. 诗书画印水卷
4. 雕塑
5. 地面浮雕
6. 入口广场
7. 成品灯柱
8. 旱喷
9. 特色景亭
10. 艺术品展示台
11. 阳光LED运动广场
12. 浓情室外咖啡吧
13. 大巴停车场
14. 小车停车场
15. 落日观湖休闲场地
16. 月色观湖区
17. 生态绿廊（洛阳牡丹园，荷兰郁金香园）
18. 旭日观湖区
19. 旭日观湖休亲场地（牡丹台）
20. 文化商业展示区
21. 风帆美食音乐区
22. 屋顶中央公园
23. 休闲广场
24. 落日观景区
25. 旭日观景区
26. LED灯带

总平面

3. 人性化原则

该项目力图设计成人气旺盛、充满活力的地标性购物场所，景观设计充分考虑人的使用要求，营造可观、可赏，并具有丰富多样的空间体验的宜人环境。

4. 个性化原则

该项目场地上主体建筑艺术水准非常之高，不仅是洛阳仅有、河南唯一，甚至是全国罕见的艺术珍品，所以其景观环境也应该是独一无二的，要体现国际般水准。景观设计结合建筑的总体设计构思，以地域特色文化为底蕴，创造特色化的环境景观。

洛阳一直是中国的历史文化名城，自古就有十三朝在此定都。该项目位于洛阳新城主轴线上，北为方正的人工湖景，南为待建城市公共绿地，是洛阳新城的中心。财富中心地块是这个城市的标志中心、财富中心、购物中心、聚合中心。

它必须具备地标性、亲和力、强吸引力、城市性、高效性、生态性。由Laguarda.law 设计的现代手法的建筑体本身是此中心的地面焦点背景，同时又是舞台景观的结构支撑。

该项目既是一个公众广场，同时又将是一个大型的公众舞台，为各种表演和活动提供场地，如音乐演出、购物休闲、品茗用餐、驻足观景、轮滑运动等；公众将在此尽情享受城市生活。作为洛阳新城的中心，人们可以从市政府大楼及周围其他高楼眺望观赏。观赏到由多样水景、葱郁绿地、阵列树木、现代雕塑、导向铺装、流光LED等景观元素搭建的生活舞台，更可分享到与公众同乐的各种即兴表演。而这种即兴表演将会随时变换，构成一个永不停息的生活美景。

设计沿袭了千年帝都的方正、对称构图，很好地体现了《周礼·考工记》中的规划手法。北入口广场中设计的水景，其精致、灵动的景色与开元湖的恢宏巨作，形成了鲜明的对比。并通过诗书水卷、地面浮雕、水墙壁雕等打造成历史韵味浓厚、又有强烈现代气息的景观精品。整个项目氛围具有现代商业的时尚、热烈、现代和自然的清新、宁静、舒适，更彰显了洛阳十三朝古都的历史厚重感。

澳门大学横琴新校区环境设计

项目规模：7.8km²
设计时间：2013年
获奖情况：全国人居金典建筑规划设计环境金奖、中国勘察设计协会"计成奖"二等奖、原创景观设计奖（中国·深圳）银奖

澳门大学新址位于珠海横琴岛，占地1.0926km²。基地西南北三面有边防防护，仅东面与澳门隔着十字门水道，因而由河底隧道连接。新校区的建立，打破了传统政治边界，让荒凉的城市边缘变得繁荣，使曾经的禁区成为生态及学术文化融合的场地，将资源与市民分享，促进了片区的可持续发展。

一国两制下的澳门，既保留了葡萄牙原有文化及社会生活模式，同时也受祖辈传承下来的岭南文化影响。横琴岛这块岭南风情土地上建立的新校园，如何将葡萄牙文化和岭南文化充分融合并展现文化的认同感和归属感是我们设计的方向。

结合规划上既分且连的岛屿关系，我们从澳大的校徽中寻找出一个极具当代中国情怀的切入点——"桥"，并把"桥"以及它所代表的联系作为多层次融合的交接点。在澳大校园景观中，"桥"这个词，代表着丰富的含义：

1. 文化融合——情感层面上的桥

澳门大学的选址是祖国大陆与澳门特区之间的重要联系纽带，澳大作为全球开放的大学，校园是东西方人才、文化交流的场所。因此，设计中非常主张创造无限交流的可能。校园被设计成一个能激发各种交流的广义学习场所，自由、平等、多义。人与人、书本、艺术装置、建筑桥梁、花鸟虫鱼、山水环境、旧校区（澳大原址）的遗物景致、中国传统文化、葡萄牙为代表的多国文化等等的交流，这些交流，构成了广义的学习和教育。

文化是一个重要的联结因素，而文化交流的主旨，则被引导向"仁、义、礼、知、信"儒家"五常"，这同时也是澳大的校训。

在澳大新址设计中，五个书院组团的景观分别被赋予"仁、义、礼、知、信"的含义。同时，与五个组团

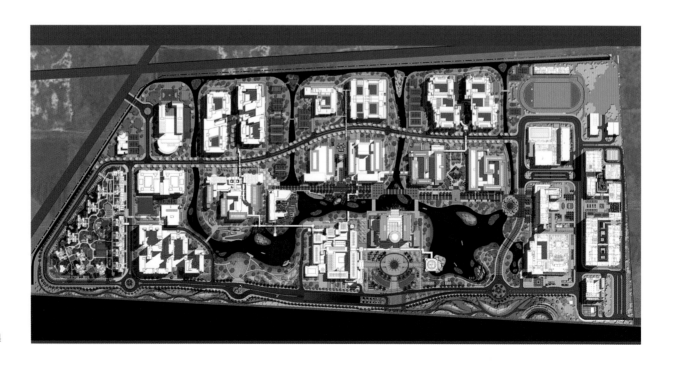

相互联系并与澳门隔海相望的公共组团被赋予"和"的主题，这样让校园的景观与澳大的办学宗旨紧密联系起来。

2. 生态与景观融合——设计手法上的桥

南欧和岭南、原校址和新校区、记忆和现实，是澳大师生和居民不能割舍的情怀。澳大原址有着浓郁的南欧（葡萄牙）园林特色；新址则位于华南，建筑布局有着独特的岭南风情。由于相似的气候使得岭南和南欧园林有着许多相通之处，因此，园林景观在空间上采用符合当地气候特色的岭南风格构筑；在细节上穿插着具有浓郁南欧特征的工艺材料。如葡萄牙石铺地、粉绿色墙面、彩色瓷片装饰等。除此之外，还复刻了原校址中一些十分受师生怀念的景点，如龟池、孔子像、绿色马赛克装饰的阅读花园等，旨在让师生能享受更开放的新校园环境之时又能产生丝丝回忆，温暖着内心的归属感。

基于基地上盐碱化的土地和丰富的水体，我们有机会创造一个人与自然和谐交流的山水环境。

在雨洪利用方面，我们本着"可持续发展"的原则，将园内雨水最大限度地收集起来并使之进入BMP5系统，经生态处理后排入园内的水系，供园内景观用

水。收集雨水较困难区域通过透水地面和透水铺装来最大限度地补充地下水。另外，设计不仅考虑"雨水利用"，同时采取了"初期雨水弃流"、"洪水调蓄"等多项先进措施，减少了洪峰来时外排水量，最大限度地保证了景观和绿化用水供应。

在水生态方面，我们充分利用地形，让贯穿于校园的水系成为园内最大的雨水收集池和滞洪区。为了保持水系的水质，水系边缘采用便于微生物栖息的软质驳岸，并种植水生植物以建立丰富的湖体生态链。并由水生植物吸收水中的C、N、P及微量元素，使水质变清。

在生态技术方面，我们不仅采用生态草沟、雨水花园、地势绿地等低冲击技术，同时还使用了带有气象站的中控自动喷灌系统，能最大限度地节约水资源。

校园已于2013年澳门回归纪念日正式启用。

解放军总医院海南分院环境设计

项目规模：37hm²
设计时间：2009年

解放军总医院海南分院位于海棠湾综合休闲游憩区的国际顶级品牌滨海酒店区，场地依托三亚海棠湾良好的配套基础设施，交通便利。场地东依内河，西偎大海，南靠薄尾岭，充满热带海滨风情。场地周边区域生长着多样的乡土植物，长势较好。

以大自然为医生，为健康而设计：设计以康复花园理论为指导，以"望"、"闻"、"问"、"切"为主题，种植各类具有康疗功能的观赏植物，营造出在色彩、质感、空间格局、植物群落等方面利于人体康复的绿色医疗环境，营造健康、温馨、舒适的康复环境，达到艺术治疗的辅助效果。

医疗区户外环境设计以植物和地形作为主要景观元素，各类活动空间依据相关规范，采用无障碍设计，适合各种身体条件的人使用：水从水池外侧的台地上缓缓跌入池内。墨绿色大理石矮墙正面刻有医院名称，背面是反映解放军总医院发展历程的浮雕墙，与后面的旗杆和树阵相呼应，形成庄重典雅的入口标识景观。

花园使用植物和地形加以围合，以折线形道路为骨架。主入口与住院楼主出入口形成对景，花园左侧的小水面与疏林草地相结合，营造出疏朗、宁静的空间氛

规划总平面图

VIP花园鸟瞰图

鸟语林效果图

住院楼康体花园效果图

围。花园为人们提供交流沟通的公共性场所；沿内侧较为安静地段布置曲折的小径和亭子，为使用者提供适于漫步冥想的私密性场所。花园既适合于独处，又适合方便聚集；既有开阔视角又有方寸之景观。VIP住院楼南侧康疗花园利用地形和植物与宿舍区相隔离，沿VIP住院楼视线方向布置开敞的疏林草地，使其拥有良好的视线。园内小路连接宿舍区与VIP住院楼，便于员工上下班使用。沿散布道两侧和圆形广场布置花架、亭子、花境、台阶等各类活动空间，形成风格独特的热带花园。

1. 中心庭园设计为体现当地的滨海文化

设计在场地内植入"鱼网"、"贝壳"、"海浪"等元素，结合低矮的绿篱和火山岩垣墙围合成为形式简洁、视觉通透、尺度宜人的林下空间。建筑外墙与环廊两侧的蔓藤植物形成了竖向的绿化背景。环绕采光棚的环行水池中布置三组表面彩绘荷花图案的石块，采用池底环流灌水技术，使水体呈环行状涌动，两侧结合地形围合成疏林草地。

2. 与自然一起变化的景色

滨河休闲区为适应内河潮汐变化和水位起落，在河滨广场设计了不同高差的活动平台以及潮汐池，退潮时一些底栖动物如招潮蟹等会留在池中，使这里充满了生机和趣味。

3. 发挥康疗植物的医学作用

种植设计遵循健康性、安全性、适地适树、可持续发展的原则，通过合理选用三亚地带性康疗植物，营造生态效益高、保健功能强的植物群落，构建绿色、健康的现代医疗环境。利用三亚丰富的植物资源，通过选用不同花期的植物，形成四季繁花盛开的热带花园景观。

深圳国家基因库景观设计（一期）

项目规模：41700m²
设计时间：2014年12月
合作单位：中科院华南植物园科技咨询开发服务部

　　景观方案根据现状地形条件和整体景观序列的布置，采用"桃花源"的设计理念。以一条绿色的、密闭的、连续的绿色廊道形成该区域最为显著的景观特征，连接市政路和核心谷地建筑区域。在游线体验上形成如诗句中"缘山路行，忽逢桃花林，中有绿荫路，郁郁葱葱，落英缤纷。复前行，穷其林。林尽路端，便得一山，山有小口，仿佛若有光"对桃花源描述的场景。这种景观设计一是有利于凸显入口景观特色，让来访者记忆犹新，另一方面是有利于强化场地核心区壶中天地的景观体验，以一种先抑后扬的手法感官上放大核心谷地的空间。

　　建筑的造型语言来自梯田，层层叠叠，高低错落，显示了动人心魄的曲线美，其线条行云流水，潇洒柔畅。景观继续延续此线条，打造花田景观，使建筑由刚向柔自然过渡，最终使建筑、景观与大自然形成和谐共处的对话关系。

　　（1）打造华大特有的基因花园，充分把华大特有的植物及研究成果展示出来，将景观、科学和产业紧密联系在一起。

　　（2）将屋顶花园与周边山体区域作统一考虑，形成秩序鲜明、整体良好的梯田景观。两者互为对比、互为景致。

　　（3）着重打造实用、好看、易维护的景观。景观与建筑内部的使用充分结合，使建筑室内外功能一体化。

　　（4）运用当今较为前沿的屋顶生态技术，做好屋顶储水、排水等生态措施，使建筑成为真正意义上的绿色节能建筑。

　　在集展览、办公、科研、储藏与住宿生活为一体的国家基因库大楼内，通过创新思维与各种现代科技，结合丰富多彩的植物配置，讲述科技与基因的神奇故事。

　　充分利用建筑中的公共空间，种植农作物蔬菜瓜果、蘑菇菌类、药用植物、观赏植物等，使工作与生活在其中的"华大人"能亲身体验与实践"生活、生态、生产"的三生概念。

　　以农作物蔬菜瓜果的种植为贯穿整个建筑的植物主线，根据不同空间的使用功能进行不同种类的植物种植设计，配置相应主题的植物，通过对不同种植区域的合理安排和布局，使工作、休闲与生活环境和谐融洽。

深圳湾科技生态园环境设计

项目规模：29hm²
设计时间：2014年

项目位于南山区高新技术产业园南区，东临河流，毗邻海湾，处于咸淡水交汇的生境，是城市水生态系统的重要组成部分。项目用地20.3hm²，其中建筑覆盖率约50%，而景观设计总面积将达到29hm²（包括屋顶花园、架空平台和空中花园），是国家级低碳生态示范园区。

"智者乐水，仁者乐山"，设计在继承中国传统水文化和生态哲学观的基础上结合现代生态理念，通过"引生境、承天露、生万物"，立足于人与动植物生境和水环境的营造，为居于现代高科技产业园的人们创造"知山知水"的生态美景。

引生境：人与动植物生境以及水环境的营造。

承天露：利用水的"流动和连通"，将收集的屋面、地表的雨水和生活污水通过生态沟渠和湿地净化，再用于补充地下水及园区的景观用水。

生万物：形成自由、开放、自我平衡的生态系统，滋生万物，犹如"自然的一角"。

项目将实现生态内涵与景观形式的全面融合，构建建筑、景观、生态一体化的"全生命体"人居生态环境，成为山脉-河流-海湾-湿地的山海生态廊道向城市渗透延续的关键生态节点，并促进人们生态意识的提高和生态行为习惯的形成。

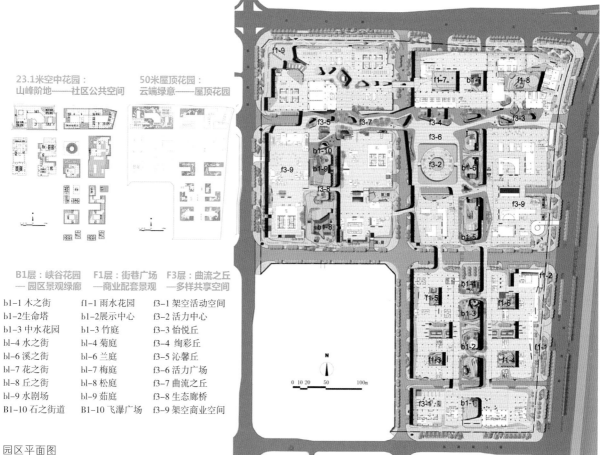

23.1米空中花园：
山峰阶地——社区公共空间

50米屋顶花园：
云端绿意——屋顶花园

B1层：峡谷花园
— 园区景观绿廊

F1层：街巷广场
—商业配套景观

F3层：曲流之丘
—多样共享空间

b1-1 木之街　　f1-1 雨水花园　　f3-1 架空活动空间
b1-2生命塔　　b1-2展示中心　　f3-2 活力中心
b1-3 中水花园　b1-3 竹庭　　　f3-3 怡悦丘
bl-4 水之街　　b1-4 菊庭　　　f3-4 绚彩丘
bl-6 溪之街　　b1-6 兰庭　　　f3-5 沁馨丘
bl-7 花之街　　b1-7 梅庭　　　f3-6 活力广场
bl-8 丘之街　　b1-8 松庭　　　f3-7 曲流之丘
bl-9 水剧场　　b1-9 茹庭　　　f3-8 生态廊桥
B1-10 石之街道　B1-10 飞瀑广场　f3-9 架空商业空间

园区平面图

1. 环境模拟，参数分析——基于环境模拟分析的园区景观设计

本着可持续场地设计的原则，首先利用软件对建筑进行室外风环境模拟、噪声模拟、太阳辐射模拟等分析以及地下层自然采光分析、风环境模拟分析等，得出相应结论，以指导下一步设计工作，控制好后续设计的生态平衡、室外空间的舒适度、健康度等。

2. 垂直城市，分层设计——以立体分层的城市设计新模式构建生态共享园区

项目设计界面除地面景观空间外，还涵盖地下空间、架空平台、空中花园和屋顶花园，约17.6hm²，设计将引入垂直城市的设计理念，在搭建各层平面绿色基底的基础上，通过垂直绿化、纵向生长的乔木、水幕、悬浮绿岛、互动台阶、艺术土丘等建立纵向有机联结，形成立体的园区绿色生态体系。

3. 创新亮点，技术与艺术结合——兼具高新技术与艺术创新的亮点景观设计

生命塔选取红树中的木榄作为创作灵感，它有着优美的外形和良好的生态价值，能够固岸护堤，净化水源与空气，这正契合了场地地域特色与人文精神。塔顶树冠可像花瓣般开合，塔身立面采用模块化种植进行立体绿化；下雨时，花瓣张开承接雨水，下部雨水花园则收集周边雨水，并将其集中于中部雨水净化设施中进行净化。净化后的雨水可用于浇灌塔身垂直绿化、顶部喷泉及喷雾用水。树冠外部附有LED灯，能在夜间变色发光且在树冠合上时作为显示屏幕。

生态绿墙的应用

3层（9.3m）架空平台花园——多维共享空间1

3层（9.3m）架空平台花园——多维共享空间2

雨水收集

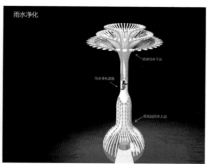

雨水净化

雨水再利用

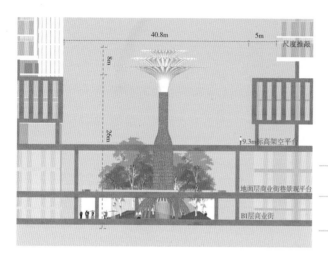

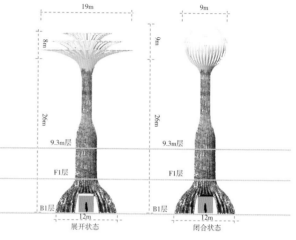

7

景观建筑

日照奥林匹克公园建筑设计

项目规模：16.6万m²
设计时间：2009年
项目获奖：中国建设工程鲁班奖，新中国成立60周年"百项经典建设工程"，中国国际建筑艺术双年展一等奖，山东省园林绿化工程优
        质奖

山东日照奥林匹克水上运动公园作为2007年全国水上运动会和2009年全运会赛艇及划艇比赛基地，其建筑设计应满足使用要求。利用2008年奥运会及2007年全运会的契机，通过建设奥林匹克水上运动中心，提高日照知名度，改善城市形象，为日照新城滨海区域的开发带来新的动力和生机。

地块主体为水上运动，主体定位为运动加休闲，建筑定位动感时尚、典雅简洁。以富有张力的建筑外观，简洁明快的轮廓线条，呼应运动中心的建筑性格。其中竞赛管理楼、运动员综合楼与泻湖茶室是公园内几个重点建筑物，为形成与公园总体环境相一致的景观效果，在建筑的设计手法上作了大胆的创新性思考。

建筑力求联系和强调公园的系统性，各景观节点在空间上、视觉上的呼应，建筑形态与地势起伏结合，使建筑成为景观的一部分，场地也成为建筑的组成元素，以建筑点缀自然，自然补充建筑。

泻湖茶室处理成两个体块，相互呼应，形成对话，彼此欣赏。泻湖茶室与运动广场形成另一组景观，泻湖茶室布局于运动广场一角，平台板倾斜穿入水中。既成为广场一角的景观，又有把游人带向水边的作用，进入茶室的小桥也采用了钢化玻璃作桥面，给茶室的前空间增添了趣味性。

竞赛管理楼及运动员综合楼在总图布局上，力求建筑有更多的临水界面，同时舒展的平面沿水边展开，使建筑内部房间大部分都有很好的观水面。尤其北侧的新闻中心，在水边形成弧形平台，无论从水面望向建筑，还是从内部望向终点塔方向的水面，都有极佳的视野景

观。同时建筑的体量局部挖空，从而建筑南侧也可透过建筑中的架空空间望向大海。使建筑不因长条的体量而遮挡了背面观水的视野。两组带状的体量分别为运动综合楼与竞赛综合楼，分布南北两侧，中间通过玻璃中庭相连。进入公园大门，沿着广场上的斜坡来到夹在两个综合楼之间的玻璃中庭，中庭内弧形的天窗将人引向大海。走出中庭，是宽敞的甲板平台，美丽的海景尽收眼底。而人在中庭内，若沿着阶梯向下，则可以到达下层的公共空间。商店、服务处、休息处等给游人提供了多方位的服务设施。下层的这个台面是最接近于水面的层面，咖啡餐饮酒吧就设在其上，而餐厅的落地玻璃外就是无限的海景。

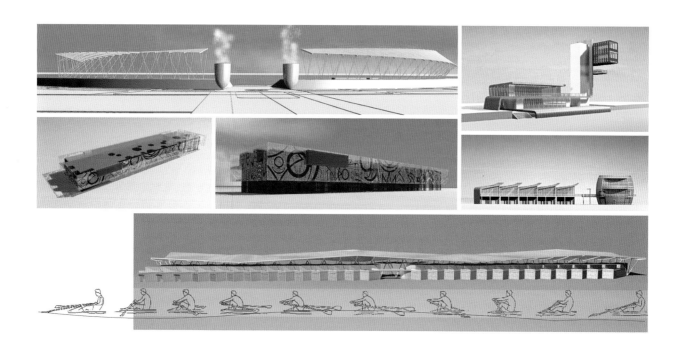

第九届中国（北京）国际园林博览会
——中国园林博物馆设计

项目规模：6.5hm²
设计时间：2011年
合作单位：深圳市建筑设计研究总院孟建民建筑工作室（建筑主创单位）
项目获奖：广东省注册建筑师协会优秀建筑创作奖

2013年北京举办第九届中国国际园林博览会，借此契机，兴建首座国家级园林博物馆，展现中国传统园林理法及其独特的艺术魅力，成为园博会的点睛之作。北至永定河新右堤，西至鹰山公园东墙，南至射击场路，东至规划京周公路新线，与园博轴西端连接。

基址依山傍河，西侧鹰山地属太行山余脉，山势起伏，错落有致，而北面的永定河，更是一条孕育了北京城深厚文化底蕴和丰富人文资源的母亲河，山水相会处，建馆辟园，博物洽闻。

原规划永定塔，建议改址建于北部山顶，傲立河畔，坐山镇水，统摄全园，成为观景视线的焦点。

园博园选址永定河畔，与卢沟古桥遥相呼应，历史文化氛围浓郁，原址为垃圾填埋区。随着园博会的举办，化腐朽为神奇，将大大改善生态环境，促进区域经济发展。

园博馆是园博轴的起始端，总体规划设计以"鹰山博馆传清音，永湄群芳奏昇平"为题，体现"和谐"、"传承"的中国气质。

中国园林视山水为灵魂，延坡衍谷，将鹰山引入园中，呈环抱之势，使园景有山可依；入奥疏源，山林谷地引水入园，因地随形。形成泉瀑、溪涧、湖沼、池湄等多样化的水态，以水为媒，串联各展园，引池入湖，汇入"澄海"之中，成为全园构图中心；以水为轴，出

中轴鸟瞰图

园博馆，蜿蜒东流指向锦绣谷，最终形成近30m的瀑布跌水，银滩倒泄，注入谷中。

博物馆主建筑坐落山水间，"为而不恃，主而不宰"，与自然之美浑然天成。

1. 博采名园

据要求，园博馆室外展园需基于文献记载和现存园林实例，在内庭外园中复原具有代表性的传统园林精品。根据所选复建园林特征，抓住其山水形胜、布局特点，结合其所处地域、时代等因素综合考虑，在园内选址复建。

借鉴古典园林悉仿、小仿和意仿的造园手法，在有限的用地内达到至广大、尽精微的艺术效果，绘制一幅立体写意山水画卷。卷幅上名园集锦，将不同地域、不同时代的园林精品相互并置，彼此贯穿渗透，使来访者最终获得对中国传统园林的完整体验。

2. 步移景异

游览路径设置顺势蜿蜒、曲折有情，可分为三级，包括主环路、各室外展园内环路、山地磴道，且可联通建筑内中庭展园游径。全园游线设置或登高上楼，或过桥越涧，或疏朗，或封闭，或远眺，或俯瞰，方寸之地，步移景异，别有洞天。

3. 四莳美景

植物景观结合水形山势，讲究空间层次，利用植物的季相变化强调时空变幻，让人领略"春花烁烁、夏树繁花、秋叶瑰丽、冬景苍翠"的四莳美景。

在植物素材选择上传承古典园林审美意趣，营造具

有传统韵味、恬淡雅致的诗情画境。植物的花、叶、果、干各成景致，与主展馆和室外展园相得益彰。

4. 画境文心

在道路节点处设牌坊，以精炼的文字画龙点睛。结合古典园林命名、题词、楹联、匾额的文化传统，引人进入寓情于景、情景交融的诗画意境。

5. 室外展园设计

园博馆室外展陈可分为两部分，由建筑围合而成的中庭展园以及外部独立展园。外部独立展园根据复原对象自身特征及场地条件，选择山水宫苑、庄园别业进行复建，包括宋代艮岳之雁池景区、独乐园、明代影园、清代承德行宫内山地庭院。

博物馆主建筑形体错落开合，形成了一系列中庭、挑台、下沉庭院，选取宅院园墅精品或精彩片段予以复建，涵盖园林建筑之美、山水之美、花木之美、动物之美、天象之美五大审美情趣。布局上，更进一步兼顾景观序列营造、室内布展、游线设置等方面因素，强调内外、上下、远近庭院间的联系，打造层次丰富、互为因借、环环相扣的奇妙空间。

深圳出入境检验检疫植物隔离场建筑设计

项目规模：10800m²
设计时间：2007年10月
项目获奖：广东省注册建筑师协会优秀佳作奖

深圳出入境检验检疫局盐田植物隔离检疫楼建筑设计项目位于深圳市区大梅沙片区盐梅路西段山坡地，背山面海，景色宜人，以植物隔离为主要功能，强调科学技术交流的主旨。

在总体规划设计上通过对场地的科学分析和现场踏勘，将主要建筑体量置于靠近入口处（场地最南端）的一块已被人工破坏的较平坦的场地上，而将其他专家楼、运动健身设施等置于山林中的空处，巧妙地躲开现有大树，使基地的绝大部分山林绿地不为人工所干扰，有别于一般均匀或分散式布局，从而最大限度地保护原有生态环境。

相对集中的科研楼内包含办公室、实验室、隔离检验室、会议室、培训宿舍及食堂等功能，建筑依山就势，呈台地式跌落布局，使每个建筑都拥有较好的

朝向和景观环境，在两组建筑中间顺应地貌，营造一个自然式庭院的共享空间，使进入大堂的人员透过大玻璃，可以清晰地近观庭院山石水景，远眺大海，形成一个建筑的视觉高潮，使人、建筑与自然和谐对话。

交通组织根据基地现有条件，在场地的西南部设置基地主要出入口；简便的交通体系与步行系统有机结合，尽量减少道路长度，使车行道的路网密度降至最低，最大限度地减少对原有自然地形的破坏；入口广场的旁边利用场地建设成为生态停车场。

设计遵照以下指导思想（1）整体有机的景观格局；（2）理性与浪漫结合；（3）科技含量和文化品位；（4）可持续发展的良好生态环境；（5）经济与工程节制：经济为本，节制工程。

景点：
1. 入口
2. 科研楼
3. 专家公寓楼
4. 入口广场
5. 入口台地花园
6. 屋顶花园
7. 水景广场
8. 植物隔离网室
9. 植物隔离温室
10. 观景休息平台
11. 游泳池

总平面

1. 统一的设计语言

根据场地和建筑的特性，选择了简洁、小体量的建筑外形，通过不同"盒子"的组合和叠加、穿插和渗透，形成简洁方正与连贯流畅的建筑体态，结合地形形成多层台地。错落的盒子以及台地花园和屋顶花园的巧妙利用，既弱化了建筑形体，又使建筑与植物隔离场的功能有机组织在一起。在外墙材料上，确定基部为暖灰色的当地石材，越往上层更多地使用木材、钢材等生态材料，使建筑基部厚重，仿佛与山石融为一体；上部轻盈通透，体现出滨海建筑特征。

2. 呼吸式空间设计

建筑依山而建，建筑之间设计了室内外植物隔离场，其间设置了各种珍稀植物以及休息坐凳、小品等。

3. 生态建筑设计

充分考虑本地南亚热带气候的特点，对风、阳光、雨水、绿化进行了良好的组织。架空大空间、空中花园露台、建筑间的连廊、建筑立面的立体绿化构架等的设计，将自然引入建筑中。同时体现"绿色建筑"的特点，将绿色结构作为第二道外墙，生长、攀爬在建筑空隙的温网和格架之间，起到良好的隔热保温、调节小气候的作用，体现"节能时代"南亚热带地区的审美品位和气候特色。

4. 建筑细部设计

对细部和阴影的变化做了深入组织，对质感和色彩的变化作了大胆的运用。简洁、明快的基调，强调个体韵致和整体丰富的统一。通过元素的复置和体量的对比来烘托群体建筑的气势，表现纯净自然之美。

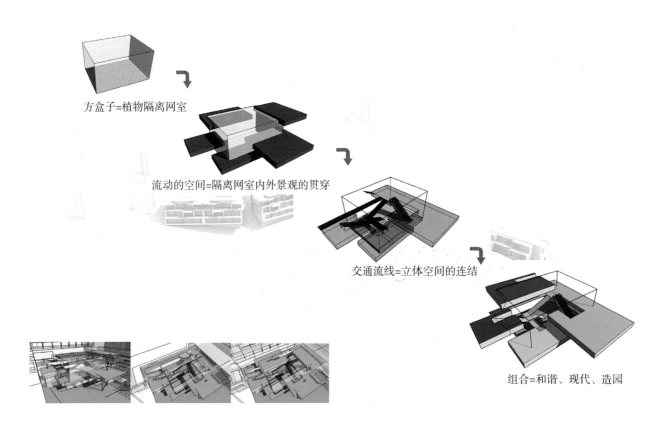

方盒子=植物隔离网室

流动的空间=隔离网室内外景观的贯穿

交通流线=立体空间的连结

组合=和谐、现代、造园

四川绵阳金家林高速入口服务站设计
——游客服务中心

总建筑面积：1412.77m²
设计时间：2012年11月9日至2013年1月16日
竣工时间：2013年4月15日

　　本项目位于绵阳金家林高速路收费站出入口处，设计目标是为了满足下高速的游客接待和旅游咨询等功能。由绵阳市规划局牵头，建设局分管执行，协同交通局、旅游局等各个部门共同建设的服务站公共建筑。

　　作为绵阳城市旅游信息咨询的平台，本项目将融入智慧城市的理念。综合利用声光电、场景模型、多媒体、图文展板等多种技术手段打造了旅游展示大厅、多媒体旅游信息查询平台、三维互动模拟厅、全息互动多媒体电子沙盘、旅游商品展示销售中心，主要免费为游客提供旅游资料和宣传品，免费提供旅游相关信息的问询，展示具有本地特色的旅游纪念品等功能。

　　建筑平面简洁，布局合理，入口朝向收费站，导向性强。有效地利用前后的空地，形成前后小花园。造型上采用传统和现代结合的手法，大坡屋顶，抽象的穿斗式造型，与传统元素相呼应。展示立面层次丰富，采用暖色调生态竹木等质感细腻的材料，增加了亲切感和温暖感，南面屋顶使用太阳能板节能措施，形成入口形

象展示和功能需求相结合的标志性建筑。

　　建筑采用了相关的节能技术。如朝南面屋顶使用太阳能板，建筑的外窗和天窗使用LOW-E中空玻璃，保温隔热，有利于降低能耗。屋面使用了金属屋面铝镁锰板，简洁现代，能有效起到隔热保温降噪作用。另外四川绵阳属于地震多发区，此建筑在设计时考虑到了防震，抗震设防烈度为六度。

四川绵阳小枧公园商业建筑设计

项目规模：7.45万m²
设计时间：2014年2月

丝丝缕缕花絮，点点滴滴闲情，构成了巴蜀的休闲文化，湿润温和的气候不仅使农业生产有了保障，而且对人的生理和心理健康有非常积极的影响。千百年来世世代代无灾无难的地方孕育出了川人深入骨髓的悠闲。绵阳是四川省第二大城市，古名"涪城"、"绵州"，已有2200多年建城史，自古有"蜀道明珠"、"富乐之乡"之美誉。其中文昌七曲山大庙、既有北方宫廷的庄严，又有南方园林的雅致。

商业建筑从货郎手中的挑子开始，渐渐演变为青石板街面的商业街。如今，传统的自发形成的商业街逐渐消失，或转化为各方游客游览的场所。儿时的记忆在城市的喧嚣中逐渐遗失。

四川民居由于受地形、气候、材料、文化和经济的影响，在融汇南北的基础上自成一体，独具鲜明的地方特色。

四川民居有明显的自由灵活的平面布局，利用曲轴副轴，使建筑随地形蜿蜒多变，曲折迭进，充满自然情趣。空间大、中、小结合，在封闭的院落中设敞厅、望楼，取得开敞而外实内虚的效果。室内外空间交融，善于利用室外空间，将建筑空间结合环境自由延伸，使人工建筑与自然环境相映增辉。

建筑文化与历史、人文等因素息息相关，门楼的装饰、窗格的变化及戏台、院坝等构成别具一格的巴蜀建筑。依山临水，后高前低，虚实结合，错落有致，与四邻环境协调，并用古林修竹、挖池堆石加以点化，使之具有特殊的韵味。

景观与建筑的高度结合，景观融入建筑，建筑成为景观，平面形态的结合及空间形态的结合。

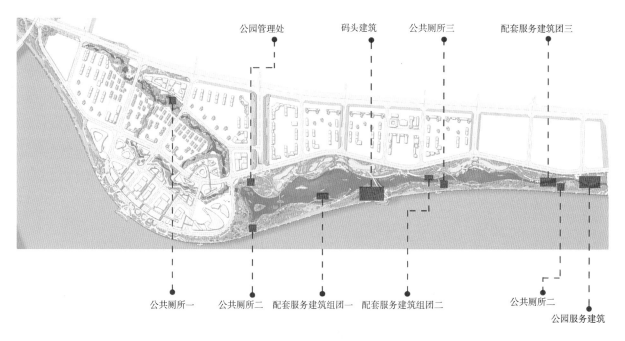

公园管理处　　码头建筑　　公共厕所三　　配套服务建筑团三

公共厕所一　　公共厕所二　　配套服务建筑组团一　　配套服务建筑组团二　　公共厕所二

公园服务建筑

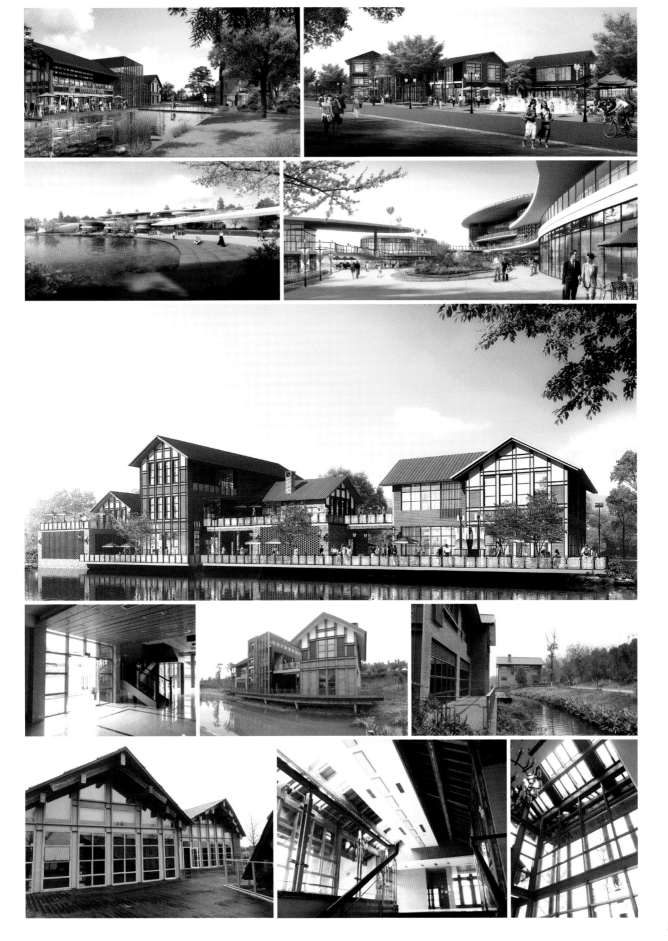

烟台大南山生态园建筑设计

项目规模：总建设用地131hm²，总建筑面积164210m²
设计时间：2012年

大南山生态园是烟台市构筑区域性中心城市和生态城市的重要组成部分，是烟台城市的生态、景观、文娱核心；它是以城市生态和市民休闲为主要功能，融观光揽胜、生态养生、风情体验、运动康体、休闲度假等多元功能为一体的大型生态旅游公园。

全园游览区分东、西两大部分，共七个景观分区。东部游览区包括：福临夼主题休闲度假区、魁星楼综合服务区、山海城观光揽胜区、远陵夼植物体验区、卧龙夼商务休闲度假区五个景区；西部游览区包括桃花谷休闲运动区、金夼山生态果园区两个景区。

特色小镇位于福临夼景区的中心地段，是景区极具游览价值的主题区。

希腊著名的爱琴海拥有无数的美丽传说，是无数情侣所向往的爱情圣地，岛上的建筑风格及浪漫主题，都可以作为特色小镇参考设计的原形，再配有欧洲城堡、特色酒店、红酒会所与风情商业街等内容。

以特色为物质载体，以西方浪漫风情为主线，着力突出异域文化，使游人游览其间能体验到原汁原味的欧式地中海特色小镇的浪漫风情。整个旅游区建筑以欧式风格为主线，而其中的建筑群采用各有特色的欧式风格：南山天堂温泉酒店是西班牙风格；入口商业建筑群有韩国爱堡乐园的特色；特色小镇建筑以爱琴海为模板；温泉酒店则为地中海北非风格。

有意识地对商业服务区进行分区，并通过街道将

其联系起来，设计中将商业区与水系、绿化紧密结合，创造休闲性商业的综合环境，提升商业空间的趣味性、生态型和休闲性，形成自然村落的感觉。特色小镇组团式布局，结合水面，形成岛居形态，水面引进小镇，形成安逸轻松的环境。小尺度为主的建筑、特色的屋顶、丰富的空间形式和极具场所感的旅游环境，是小镇风情的完美演绎。整个小镇建筑尺度宜人，立面高低错落，与树木相互交错，增加了空间的深度和美感，让人悠然自得、流连忘返，倍感清新和好奇。依山傍水，将所有活动和文化展示都和山水自然风景结合起来，将建筑、山、水共同组成一幅美丽的画卷。用建筑空间营造各种户内外活动，讲究移步换景、对景、远中近景相结合，将建筑结合现有地形布置，并融合旅游策划的内容，满足总规要求。

从景区自身主题出发，充分开发特色旅游资源。福临亦景区内含宗教文化园区、特色小镇、青青温泉休闲度假养生区、热带水族馆动植物园、儿童乐园区等多个主题景区，种类繁多，特点鲜明，拥有极为丰富的旅游资源。因此，游憩系统规划应充分考虑各景区自身特点，以打造精品游线为目标制定相应的主题游览线路，使之既能充分展示整个福临亦景区的景观魅力，亦能使游人充分享受景区所提供的特色旅游服务。

针对不同目标人群打造主题游线。福临亦景区游人年龄层次分布较广、兴趣各异，参观游览所花费的时间也不相同，因此，面对游人不加区分地简单罗列游览项目既无效率，也难以充分吸引游人。只有在充分调查分析游人的兴趣与年龄的基础上对游憩系统进行规划，才能在景区与游人之间达到双赢，这也是规划过程中的一条重要原则。

入口服务区平面

停车场建筑立面

入口服务区立面

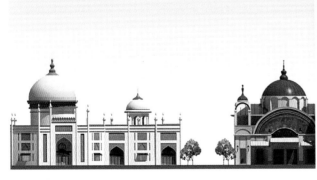

入口服务区立面

效果图

深圳观澜体育公园建筑设计

项目规模：11967㎡
设计时间：2015年3月
合作单位：深圳市建筑设计研究总院有限公司

通过对上层绿地系统公园绿地分布的分析，结合周边用地的使用现状及远期规划考虑，观澜文化体育公园定位为以游泳运动为主的专类体育公园，并配置有标准游泳馆，可供比赛训练使用，同时兼备其他大众运动及休闲活动的设施。

观澜体育公园游泳馆按照国家丙级游泳馆的标准进行建设。建筑占地面积6369m²，总建筑面积11967m²。本工程设计使用年限50年，建筑类别三类；建筑性质为公共建筑；抗震设防烈度七度；钢结构；耐火等级二级。建筑总高度：21.3m。层数地上三层，地下一层。室内配置乙级比赛游泳池、跳水池、放松池及其他功能用房，观众容量人数为1405人。

馆在园中、园在馆中：我们期望，通过建筑与其周边环境的一体化设计，能够使建筑与环境交融，使该地块展现出一种整体、融合，如同大地雕塑一般的景观。

观澜文化体育公园规划设计以"澜"为核心概念，海浪的曲线是设计的主题，建筑是这种形态的衍生，建筑和景观一体化设计，将游泳馆和公园融为一体，巧于因借，又各自成景。

从设计概念出发，对于"澜"的具象化，我们从形体、空间、色彩及精神上着手设计。结合体育公园的定位，我们的方案将"澜"抽象为充满活力的舞动曲线，这为公园的设计带来了意想不到的惊喜。它舒展而舞动的线性带来了连续而充满活力的空间，深深契合体育这

园中有馆馆中有园，浑然一体

个主题。同时,"澜"的上下流淌,使得设计场地像舞动起来的地平线,勾勒出了雕塑一般的地形,将建筑、场地及设施都融合在一起,并创造出各种封闭、半封闭及开敞的景观空间。

然后我们将具有观澜历史记忆的舞麒麟这一人文印记,抽象化为五彩"澜"印刻到公园之中,配合场地舞动的线性空间,来象征和纪念舞动的麒麟这一地域性的符号和当地民间文化。

最后,我们出于对原场地尊重及生态设计需求,加入象征性的水体、荔枝林地及草丘以象征不复存在的原有池塘、荔枝林及丘陵山体,以保留周边区域居民对该场地的记忆。

(1)平面形态上,建筑曲线扭转,与景观水面形态相互穿插咬合,水面象征阴,建筑为阳,阴阳环抱,融为一体,浑然天成。

(2)空间形态上,数条波浪的曲线,从不同高差导向建筑。层层退台的设计避免了呆板的体量,同时退

让出城市的空间尺度。柔美的曲线让人联想到起伏的海浪,流动的空间暗合了公园整体设计的理念。

(3)竖向处理上,充分尊重原有场地进行高差处理,巧妙利用平台、缓坡、天桥进行化解,让不同的标高层之间形成有机的联系和对话。

(4)建筑南北朝向布置,顺应主导风向,可有效利用自然采光和通风。剖面上,屋面采用层层退台,留出带状天窗,南边的玻璃幕墙开启时能行成良好空气对流,解决通风问题;有一定夹角的金属屋面,将阳光进行反射、漫反射,把柔和的自然光线引入室内,避免观众和运动员的眩光。

(5)外墙颜色:外墙主要是浅色涂料,可尽量减少太阳辐射得热量,提高节能效率。

本设计采用断热铝合金窗+Low-E中空玻璃(K=3.500,SC=0.450)。通过采用提高窗、墙热工性能,采用外遮阳系统,降低东、西向窗墙比等合理措施,改善建筑热工性能,降低建筑能耗。

设计构思来自于抽象的波澜的意境

游泳馆背面方便到达室外泳池

游泳馆大波浪形的主入口

厦门游泳馆建筑设计

项目规模：3384.26m²
设计时间：2007年

厦门园海湾游泳馆位于厦门海湾公园东南角，环境优美，设计功能分区明确，一层布置1个16m×25m的游池，为15m高大空间，两个7.5m×25m的训练池，5m层高，更加经济地利用空间。二层、三层为一些休闲、健身、办公空间，设计为退台，既形成了更多的观景平台，又有效地控制了面积，设备用房置于地下。

建筑造型简洁、大方，在一个长方体框架之下，一边是透明玻璃围合的较虚的大空间，一边是框架围合的较实的阶梯状形体，虚实对比强烈，形成更强烈的视觉冲击。入口是三层高的框架形成的灰空间，其下倒锥形的多媒体厅形成视觉焦点，使建筑的标志性更加突出，在平淡、简洁的形体中，形成不平淡且更具气势的建筑形象。

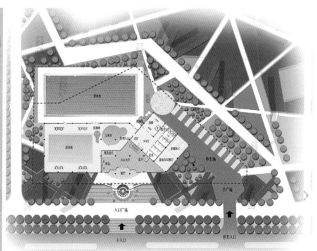

总平面图

惠州植物园观赏温室及配套建筑设计

项目规模：42.81hm²
设计时间：2014年3月
合作单位：深圳市城建工程设计有限公司

惠州植物园选址于惠州市惠城区西部，东临惠州西湖景区，丰山路以南，坐落于古榕山麓之中。以惠新大道为界，惠州植物园分为一期和二期，其中一期位于惠新大道东侧、丰山路南侧，东接紫薇村，南临紫薇山。

惠州植物园总用地面积约70hm²，其中一期总用地面积约42.81hm²，并另对11.3hm²军事用地生态林地进行设计。

本植物园定位为具有惠州特色的精品景观型植物园。充分挖掘植物与本土文化、植物与动物、植物与人的关系，满足科普科研、生态保育、生态体验、城市名片、市民休闲、历史印记、文化体验等功能。

（1）重视合理开发，有序利用，注重景观完善、内涵丰富，肩负热带、亚热带植物的引种驯化，有效服务于惠州市的城市园林绿化及生态建设。

（2）借植物园规划，挖掘本地的历史人文资源，打造特色景点。

（3）营造多种生境，展现植物、动物与人的和谐共生。

（4）利用植物的观赏特性，提升山林景观，与青年河、惠新大道、西湖景区形成自然的景观过渡，构成一体化的风景游览区。

（5）将园区南面的绿地纳入规划中统一考虑，建设生态风景林，与周边社区互惠共享，完善片区的生态建设。

在开发建设中保持良好环境，避免"建设性破坏"，是惠州市植物园工程项目必须重视的一个问题。为合理配置环境资源、优化土地利用和科学地制定发展形态，规划时将生态规划方法引入其中，从自然环境、社会经济以及环境质量等生态因素分析评价入手，以自然生态优先为原则，全面分析本工程发展环境中的自然生态特点，进行特定土地利用方式的适宜度分析，指明适宜发展用地及方向，并在此基础上进行规划设计。

温室剖面示意图一

温室剖面示意图二

温室剖面示意图

温室夜景

深圳南山花卉世界建筑设计（旧建筑改造）

项目规模：72115.25m²
设计时间：2011年3月
获奖情况：全国人居经典建筑规划设计方案竞赛建筑金奖、深圳市优秀工程勘察设计二等奖

2009年10月，深圳市政府启动"深圳市市容提升行动计划"，利用两年时间，立体提升城市市容环境的整体水平。南山花卉世界基础条件较好，已具有一定规模。近期来说，区位稍偏，但随着宝安中心区和前海区的发展，此位置非常优越。同时，国外的家庭园艺十分盛行，但国内相对较少，怎样提高市民的园艺水平，南山花卉世界能提供一个非常好的平台。逢年过节，这里也是一个市民非常喜欢的花市。为改善建筑物外立面（包括楼顶）陈旧、破损、凌乱的面貌，提升区位价值，满足市民生活、集市需求，借特区成立30周年和第26届世界大学生夏季运动会在深圳举办的契机，南山区结合地域特点和建筑物形态组织设计，在南山街道办辖区内前海路一段因地制宜打造欧式文化艺术风格特色、荷兰风貌的小镇景观。改造后的小镇增加了商铺，

为区域经济的提升打造了很好的平台。在这里，以花为主题，让市民在此充分感受"花之赏、花之语、花之道、花之宴、花之礼"等系列的花之魅力，成为深圳一张城市名片。

增加新亮点、重组新空间：原花卉市场道路为15m宽水泥马路，道路南侧为奇石花卉市场，建筑为欧式风格，已形成一定的商业氛围，但仍需解决商业休闲区存在活动场地狭窄、设施不够完善、空间关系不够明确、绿地设置不合理等问题。

设计对原花卉市场升级改造，尽管改变了原花卉市场的空间布局和围合方式，但尽量不动原有建筑主体结构，对现有建筑进行合理改造，采用荷兰当地建筑手法，营造荷兰风情街区氛围。风格和色彩上与新建建筑协调一致，用最节省的办法达到最好的效果。最有特色

的是将原街道空间重组为步行街，设置街心广场、郁金香喷泉池、沿街小商业，增加突出花卉主题的各类店铺。而且新建建筑立面外墙使用的新型装饰挂板，挂板表面仿木纹等图案各异，颜色丰富多彩，线条清晰明快，具有欧美流行的乡村感。

花为主题的立体绿化措施：立体绿化是通过点、线、面演变成三维空间的多元绿化组合，包括屋顶绿化、垂直绿化、墙面绿化、阳台窗台绿化等，以花为主题，让市民在此充分感受"花之赏、花之语、花之道、花之宴、花之礼"等系列的"花之魅力"之旅。

花卉之国的荷兰风情欧式形象：在这里，有代表性的荷兰风情建筑，地道的"荷兰三宝"——木鞋、风车、郁金香。

立面材料采用生态可重复利用的建筑材料，如：柔性石材、水泥纤维挂板等，同时尽量不动原有建筑主体结构，对现有建筑进行合理改造，对屋顶及外墙材料进行更新及替换，外墙刷环保漆，减少了建筑垃圾的排放。

8

绿道规划设计

广东省绿道网建设总体规划

项目规模：规划范围17.98万km²，全长约8770km
设计时间：2011年
合作单位：广东省城乡规划设计研究院
　　　　　广州地理研究所
项目获奖：中国人居环境范例奖、中国风景园林学会优秀风景园林规划设计奖一等奖

　　广东省绿道网建设总体规划以广东省丰富的自然生态资源和历史人文资源为依托，通过建设互联互通的绿道网络系统，有机串联全省主要的生态保护区、郊野公园、历史遗存和城市开放空间，将"区域绿地"的生态保护功能与"绿道"的生活休闲功能合二为一，在确保区域生态安全格局的同时，满足城乡居民日益增长的亲近自然、休闲游憩的生活需求，使其成为我省落实科学发展观、建设生态文明和"加快转型升级，建设幸福广东"的标志性工程。

　　本规划在综合考虑全省区域经济发展水平、生态资源环境和人口分布等方面差异的基础上，借鉴国外大尺度绿道的规划建设经验，充分协调自然生态、人文、交通和城镇布局等资源要素，以及上层次规划、相关规划

等要求，结合各市实际情况，提出构建疏密有致、功能形式多样的绿道网络，引导珠三角绿道网向粤东西北地区延伸，形成由10条省立绿道、约17100km²绿化缓冲区和46处城际交界面共同组成的省立绿道网总体格局。省立绿道贯通全省21个地级以上市，串联700多处主要森林公园、自然保护区、风景名胜区、郊野公园、滨水公园和历史文化遗迹等发展节点，并与省生态景观林带的建设充分互动，实现城市与城市、城市与乡村的连接，全长约8770km。

　　广东省绿道网建设体现了"创新规划布局、维护生态系统安全、促进绿色经济发展、城市低碳生活体系"四大特色，为全国绿道建设的引领和典范。

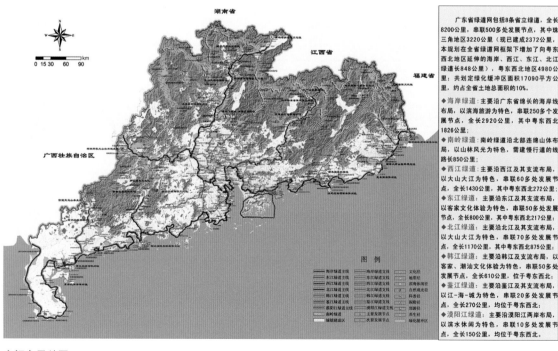

空间布局总图

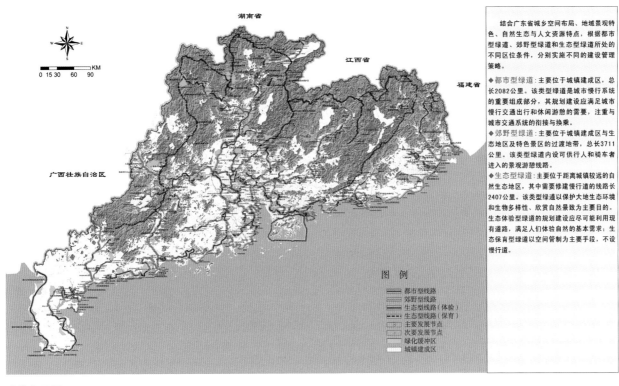

　　结合广东省城乡空间布局、地域景观特色、自然生态与人文资源特点，根据都市型绿道、郊野型绿道和生态型绿道所处的不同区位条件，分别实施不同的建设管理策略。

◆都市型绿道：主要位于城镇建成区，总长2082公里。该类型绿道是城市慢行系统的重要组成部分，其规划建设应满足城市慢行交通出行和休闲游憩的需要，注重与城市交通系统的衔接与换乘。

◆郊野型绿道：主要位于城镇建成区及与生态地区及特色景区的过渡地带，总长3711公里。该类型绿道内设可供行人和骑车者进入的景观游憩线路。

◆生态型绿道：主要位于距离城镇较远的自然生态地区，其中需要修建慢行道的线路长2407公里。该类型绿道以保护大地生态环境和生物多样性、欣赏自然景致为主要目的。生态体验型绿道的规划建设应尽可能利用现有道路，满足人们体验自然的基本需求；生态保育型绿道以空间管制为主要手段，不设慢行道。

图　例
━━ 都市型线路
━━ 郊野型线路
━━ 生态型线路（体验）
-·- 生态型线路（保育）
　　主要发展节点
　　次要发展节点
　　绿化缓冲区
　　城镇建成区

分类布局图

　　经过汕头市的省立绿道包括海岸绿道、韩江绿道，总长262公里。其中，海岸绿道从潮州钱东镇进入汕头，经过澄海区、龙湖区、濠江区、潮阳区、潮南区，到汕头田心镇后向西进入揭阳，包括汕头滨海线、汕头内海湾线和汕头大南山线，主线长101公里，支线长112公里；韩江绿道从潮州官塘镇进入汕头，经过澄海区，到汕头澄海金鸿公园向南接海岸绿道，包括汕头滨江线，主线长49公里。

◆　海岸绿道

——汕头滨海线：由潮州钱东镇进入汕头，向西沿海岸线途经澄海区、龙湖区、濠江区、潮阳区、潮南区，到田心镇，与揭阳相接，长101公里。

——汕头内海湾线：起于濠江区汕头海湾大桥，沿内海湾途经濠江区、潮阳区、金平区、龙湖区，到达龙湖区汕头海湾大桥，长81公里。

——汕头大南山线：起于田心镇，沿大南山北侧向西至大南山森林公园，长31公里。

◆　韩江绿道

——汕头滨江线：起于上华镇，沿韩江向南到达金鸿公园，长49公里。

图　例
━━ 绿道主线
━━ 绿道支线
━━ 都市型线路
━━ 郊野型线路
ST-01 绿道编号
　　主要发展节点
　　次要发展节点
　　户外活动中心
○ 驿站
○ 交通换乘点
　　自然观光径
　　绿化缓冲区
　　城镇建成区
　　水系
　　市界

绿道名称	绿道名称	编号	长度（公里）	绿道类型
海岸绿道	汕头滨海线	ST-01	101	郊野型长55公里；都市型长46公里。
	汕头内海湾线	ST-02	81	郊野型长17公里；都市型长64公里。
	汕头大南山线	ST-03	31	郊野型长31公里。
韩江绿道	汕头滨江线	ST-04	49	郊野型长49公里。

汕头段规划图

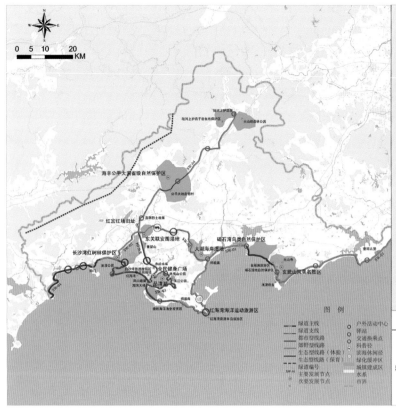

汕尾段规划图

经过汕尾市的省立绿道包括海岸绿道、南岭绿道，总长374公里。其中，海岸绿道从揭阳神泉镇进入汕尾，经过陆丰县、汕尾市区、海丰县，到汕尾小漠镇后向西进入惠州，包括汕尾滨海线、汕尾环品清湖线、汕尾海丰湿地线和汕尾火山嶂线，主线长212公里，支线长162公里；南岭绿道从河源南岭镇进入汕尾，经过陆丰县、海丰县，到达汕尾赤石镇，以生态维育为主，无需建设慢行道。

◆ 海岸绿道

——汕尾滨海线：起于甲东镇，沿海岸线途经陆丰县、汕尾市区、海丰县，到小漠镇，与惠州相接，长212公里。

——汕尾海丰湿地线：起于大湖镇，向西沿湿地到梅陇镇长沙湾红树林保护区，长49公里。

——汕尾环品清湖线：起于汕尾市区海湾大桥，沿品清湖进行环状布局，长36公里。

——汕尾火山嶂线：起于汕尾市区，向北途经海丰县、陆河县，到陆河上护温泉，长77公里。

绿道名称		编号	长度(公里)	绿道类型
海岸绿道	汕尾滨海线	SW-01	212	生态型长45公里，郊野型长123公里，都市型长44公里。
	汕尾海丰湿地线	SW-02	49	郊野型长49公里。
	汕尾环品清湖线	SW-03	36	都市型长36公里。
	汕尾火山嶂线	SW-04	77	生态型长12公里，郊野型长59公里，都市型长6公里。

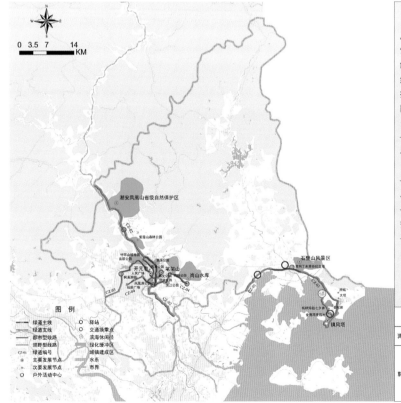

经过潮州市的省立绿道包括海岸绿道、韩江绿道，总长152公里。其中，海岸绿道起于潮州柘林镇，经过饶平县，到潮州钱东镇后向西进入汕头，包括潮州滨海线，主线长51公里；韩江绿道从梅州留隍镇进入潮州，经过潮安县、潮州市区，到潮州江东镇向南与汕头相接，包括潮州滨江线、潮州老城区线、潮州老城区—揭阳线，主线长约54公里，支线长47公里。

◆ 海岸绿道

——潮州滨海线：起于柘林镇，向西沿海岸线途经饶平县，到钱东镇，与汕头相接，长51公里。

◆ 韩江绿道

——潮州滨江线：起于赤凤镇，向南沿韩江途经潮安县、潮州市区，到江东镇，与汕头相接，长54公里。

——潮州老城区—揭阳线：起于潮州市区，向西途经潮安县，到凤塘镇，与揭阳相接，长27公里。

——潮州老城区线：起于枫溪镇，向东穿过潮州市区至岗山水库，长20公里。

绿道名称		编号	长度(公里)	绿道类型
海岸绿道	潮州滨海线	CZ-01	51	郊野型长43公里；都市型长8公里
韩江绿道	潮州滨江线	CZ-02	54	郊野型长38公里；都市型长16公里
	潮州老城区—揭阳线	CZ-03	27	郊野型长12公里；都市型长15公里
	潮州老城区线	CZ-04	20	都市型长20公里。

潮州段规划图

珠江三角洲绿道网总体规划纲要

项目面积：全长1420km
设计时间：2009年3月~12月
合作单位：广东省城乡规划设计研究院
　　　　　广州市城市规划勘测设计研究院
　　　　　广州地理研究所
项目获奖：中国人居环境范例奖、全国优秀城乡规划设计奖一等奖、华夏建设科学技术奖三等奖、广东省优秀城乡规划设计一等奖等、
　　　　　联合国人居署"2012年迪拜国际改善居住环境最佳范例奖"全球百佳范例称号

随着珠三角社会、经济快速发展，城市建设用地迅速扩张，出现生态资源遭到破坏、环境污染加剧、城乡建设无序等问题。2006年珠三角现状建设用地总量达7000km^2，区域自然生态空间总量逐年减少，自然生态环境质量逐渐下降，生态资源面临巨大压力。经济发展与区域空间资源短缺的矛盾日益突出，转变发展模式刻不容缓。

2008年，国务院将"探索科学发展模式试验区"作为珠三角的战略目标之一，广东省委、省政府提出建设"宜居城乡"的主要内容。为了落实省委、省政府的战略部署，结合《广东省珠三角城镇群协调发展规划实施条例》法律要求，广东省建设厅于2008年6月份部署《珠三角区域绿地划定工作》，并详细制定《珠三角区域绿地划定工作方案》和《珠三角区域绿地划定

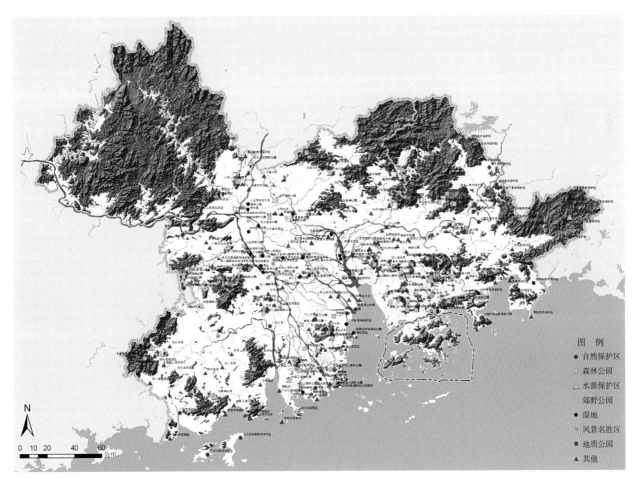

珠三角主要生态资源分布图

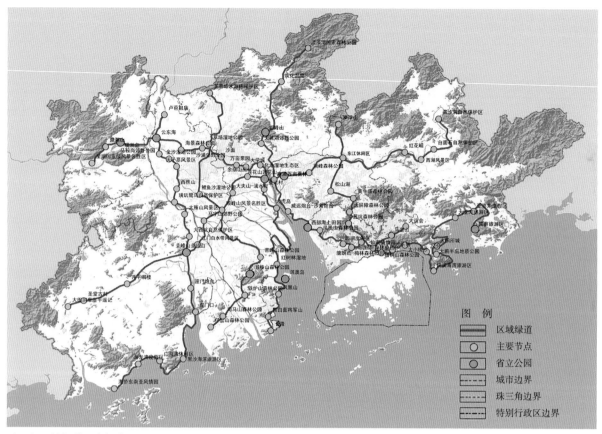

珠三角区域绿道网空间布局

图　例
区域绿道
主要节点
省立公园
城市边界
珠三角边界
特别行政区边界

技术要点》。

　　珠三角区域绿地系统规划在维护生态系统的科学性、完整性和连续性，保障区域基本生态安全基础上，进一步引导区域休闲生活的一体化。特别是广东省为了满足人民群众日益增长的休闲生活需求，在全国率先试行"国民休闲计划"，提出打造珠三角优质生活圈、改善人民生活品质的重要举措。

　　为配合这一重要举措，广东省建设厅提出在区域绿地划定保护的基础上，在整个珠三角区域提出绿道的规划与建设工作。采用尽量低的人为干扰和少的投资，对整个珠三角的绿色开放空间进行有机的串联，进行资源的整合与利用，有效地提高人民的休闲生活质量，从而引导一种健康的生活方式。

　　珠三角区域绿道网由六条区域绿道构成，总长1420km，串联约85个重要节点，可服务人口约2629万人，占珠三角总人口约55.7%。

珠三角绿道网中的健康休闲绿道

世界大学生运动会支线水边绿道

深圳绿道废弃集装箱利用方案

珠三角区域绿道（省立）规划设计技术指引（试行）

项目获奖：广东省优秀城乡规划设计二等奖

前言

为深入落实《珠江三角洲地区改革发展规划纲要（2008—2020年）》及《中共广东省委、广东省人民政府关于争当实践科学发展观排头兵的决定》关于建设"宜居城乡"的要求，科学发展，先行先试，率先建立资源节约型和环境友好型社会，省委、省政府决定在全面开展宜居城乡建设的基础上，先行加快推进珠三角绿道网的规划建设，从而为区域绿地划定及管理工作积累经验。为保障区域绿道（省立）规划建设工作的顺利进行，编制组在深入调查研究，认真总结实践经验，参考有关国内外相关标准、指引和规范以及实际案例，并广泛吸纳各方面意见的基础上，编制了本《珠三角区域绿道（省立）规划设计技术指引》。

1 总则

1.0.1 本指引为适应和满足珠江三角洲区域绿道（省立）规划建设的需求编制而成，旨在确保规划设计单位和建设管理单位在开展区域绿道（省立）规划、设计、建设时，准确理解规划理念、原则和方法，把握好设计要点、成本控制、工程施工、后期养护等有关环节的关键问题。

1.0.2 本指引所指的绿道（Greenway）是一种线形绿色开敞空间，通常沿着河滨、溪谷、山脊、风景道路等自然和人工廊道建立，内设可供行人和骑车者进入的景观游憩线路，连接主要的公园、自然保护区、风景名胜区、历史古迹和城乡居住区等。

1.0.3 本指引主要针对珠三角区域绿道（省立）的规划设计工作，适用于珠三角地区的各城市。

1.0.4 区域绿道（省立）是区域绿地的组成部分，应纳入区域绿地统一规划布局。

1.0.5 区域绿道（省立）规划设计的实施，由当地人民政府统筹规划、建设、国土、环保、农业、林业、渔业、水利、旅游、文物保护等行政主管部门统一进行。各部门应按照规划要求和职能分工，依法履行职责。

1.0.6 区域绿道（省立）的规划设计应同时符合国家、广东省以及珠三角地区各城市的有关法律、法规、设计规范、技术标准等。

1.0.7 城市绿道、社区绿道的规划设计可参照本指引。

1.0.8 本指引由省住房和城乡建设厅负责解释，自发布之日起生效。任何单位和个人都有依法保护区域绿道（省立）的义务；有权监督区域绿道（省立）规划建设工作，检举违反区域绿道（省立）规划的行为。

2 区域绿道（省立）的定义和功能

2.0.1 区域绿道（省立）的定义

区域绿道（省立）（Regional Greenway）是指连接城市与城市，对区域生态绿地保护和生态网络体系建设具有重要影响的绿道。

2.0.2 区域绿道（省立）建设的意义

建设区域绿道（省立）有助于优化珠三角景观格局、改善当地居民的生活品质、促进旅游业，亦有助于统筹珠三角城乡发展并推动区域绿色基础设施一体化。主要积极意义有：

1. 保护生态环境与自然资源，为动植物的繁衍、迁徙提供廊道和生境。

2. 为城镇居民提供更多贴近自然的休憩场所和减灾、避险空间，改善生产、生活环境，提高城乡居民的生活质素。

3. 保护自然和乡村原始景观特色，塑造良好城乡生态环境与自然景观。

4. 传承历史文化，保护和利用文化遗产以及历史

人文资源

5. 避免城镇无序扩张，战略性控制城乡区域重要生态资源，促进区域和谐发展。

2.0.3 区域绿道（省立）的功能

区域绿道（省立）具有以下四方面的主要功能：

1. 生态功能

防洪固土、清洁水源、净化空气等；

保护生物栖息地；

保护生态环境；

保护动物迁徙的通道；

保护通风廊道，缓解热岛效应。

2. 游憩功能

亲近自然的空间；

开展慢跑、散步、骑车、垂钓、泛舟等户外运动的场地；

出行的清洁通道。

3. 社会与文化功能

保护和利用文化遗产；

串联城市社区与历史建筑、古村落和文化遗迹的通道；

为居民提供交流的空间场所，促进人际交往及社会和睦。

4. 经济功能

促进旅游业及相关产业发展；

为周边居民提供多样化的就业机会；

提升周边土地价值。

3 区域绿道（省立）的分类和组成

3.0.1 区域绿道（省立）的分类

珠三角区域绿道（省立）的意向（一）

根据所处区位和目标功能不同，区域绿道（省立）可分为3类：生态型、郊野型和都市型。

生态型区域绿道（省立）主要沿城镇外围的自然河流、小溪、海岸及山脊线设立，通过对动植物栖息地的保护、创建、连接和管理，来维育珠三角地区的生态环境和保障生物多样性，可供进行自然科考及野外徒步旅行。生态型绿道控制范围宽度一般不小于200m。

郊野型区域绿道（省立）主要依托城镇建成区周边的开敞绿地、水体、海岸和田野设立，包括登山道、栈道、慢行休闲道的形式，旨在为人们提供亲近大自然、感受大自然的绿色休闲空间，实现人与自然的和谐共处。郊野型绿道控制范围宽度一般不小于100m。

都市型区域绿道（省立）主要集中在城镇建成区，依托人文景区、公园广场和城镇道路两侧的绿地设立，为人们慢跑、散步等提供场所，发挥贯通珠三角区域绿道（省立）网的作用。都市型绿道控制范围宽度一般不小于20m。

3.0.2 区域绿道（省立）控制范围是一个开放的线性空间，除以下允许保留和进入的用地类型或项目外，在绿道控制范围内应严格限制与区域绿道（省立）功能不兼容开发项目的进入：

耕地、园地、林地、水域、湿地；

公共性开敞绿地：各类公园、游乐园、野营基地、野生动物园、名胜古迹等；

体育运动设施：高尔夫球场、滑草场、赛马场、马术表演场等；

绿化比率高、景观佳或旷地型用地：自来水厂、小型污水厂等大型公共设施以及现存的具有岭南特色的村落等；

生产性绿地：花圃、苗圃、植物园等；

游憩服务设施：农家乐、渔家乐、烧烤场等；

其他：纪念性林地、防护林等。

3.0.3 区域绿道（省立）的组成

区域绿道（省立）包括由自然因素所构成的绿廊系统和为满足绿道游憩功能所配建的人工系统两大部分组成。

1. 区域绿道（省立）的绿廊系统主要由地带性

珠三角区域绿道（省立）的意向（二）

植物群落、水体、土壤等一定宽度的绿化缓冲区构成，是绿道控制范围的主体。

2. 区域绿道（省立）的人工系统包括：

发展节点：包括风景名胜区、森林公园、郊野公园和人文景点等重要游憩空间；

慢行道：包括自行车道、步行道、无障碍道（残疾人专用道）、水道等非机动车道；

标识系统：包括标识牌、引导牌、信息牌等标识设施；

基础设施：包括出入口、停车场、环境卫生、照明、通信等配套设施。

服务系统：包括换乘、租售、露营、咨询、救护、保安等服务设施；

4 规划设计的基本原则和基本要求

4.0.1 区域绿道（省立）规划设计应该遵循如下原则：生态性、连通性、安全性、便捷性、可操作性和经济性。

4.0.1.1 生态性原则是指应充分结合现有地形、水系、植被等自然资源特征，发挥绿道作为珠三角地区生物廊道的作用，尽量为珠三角地区生态环境的改善和物种多样性的修复提供生境。

4.0.1.2 连通性原则是指因地制宜地采取有效措施，实现全线的贯通，发挥绿道沟通与联系自然、历史、人文节点的作用，并提供城市居民进入郊野的通道。

4.0.1.3 安全性原则是指应通过完善区域绿道（省立）中的标识系统、应急救助系统等与游客人身安全密切相关的配套设施，充分保障游客的人身安全。

4.0.1.4 便捷性原则是指为方便游客进出，应提供与区域绿道（省立）相适应的机动交通支撑体系，可结合城市公交系统设置出入口，方便城市人流进出区域绿道（省立）网络，并考虑配套设施的方面适用。

4.0.1.5 可操作性原则是指区域绿道（省立）的规划设计具有实用性，具备乡土和地方特色，要易于施工建设、方便后期的维护管理。

4.0.1.6 经济性原则是指区域绿道（省立）规划设计中应合理利用具有优良性价比的、体现绿色、节能、低碳要求的新技术、新材料、新设备。

4.0.2 应重视区域绿道（省立）示范段项目的标杆作用。在《珠江三角洲绿道网总体规划纲要》指引下，科学选择率先启动的项目。

4.0.3 对区域绿道（省立）的选线应以科学论证和分析为基础。结合珠三角区域绿地规划和辖区内各城市的总体规划、土地利用规划、绿地系统规划、交通设施规划等专项规划成果，在现有交通体系与自然环境基础上，有效整合珠三角地区各种生态景观资源，实现区域绿道（省立）景观性、多样性与通达性的有机统一。

4.0.3.1 区域绿道（省立）作为一种线性景观廊道，其选线应结合珠三角地区现有线性水系和道路系统。

4.0.3.2 区域绿道（省立）作为珠三角绿道网络的骨架，选线宜贯穿珠三角地区主要的大块绿地并考虑与主要历史人文资源的连接。

4.0.3.3 区域绿道（省立）作为一种生态廊道应充分考虑其生态性。区域绿道（省立）控制范围的宽度应以生态型为主，但在穿越城郊或城市建成区时，由于周边土地利用现状的限制，可以按郊野型或都市型区域绿道（省立）的要求适当缩小控制范围的宽度。

4.0.4 区域绿道（省立）的建设条件包括其穿越地区的社会经济条件、自然气候条件、地形水文条件、植被条件、景观风貌等。应重点分析其中的基础设施条件、土地利用状况（含用地权属）等。

4.0.5 依据区域绿道（省立）所经地区的典型景观特征、游览设施特点、资源类型、区位因素，确定发展对策和功能选择；特别是区域绿道（省立）的功能定位，从而明确区域绿道（省立）规划设计的基调。

4.0.6 明确区域绿道（省立）规划设计的范围与期限，并根据前期建设用地的具体分析提出分期建

珠三角区域绿道（省立）的意向（三）

设目标，包括筹备期、建设前期、中期和远期的建设目标等。

4.0.7 鼓励在区域绿道（省立）的规划设计过程中开展环境影响评价，尤其是对施工过程中以及施工后可能产生的环境影响进行评估。研究制定区域绿道（省立）规划方案和技术方案，要调查研究区域绿道（省立）建设的环境条件，识别和分析构成环境影响的因素（包括污染环境因素和破坏环境因素），研究提出治理和保护环境的措施，比选和优化环境保护方案。

5 绿廊系统规划设计

5.0.1 绿廊系统是区域绿道（省立）的生态基底，其主体包括植被、水体、土壤、野生动物资源等。要坚持以生态保护、合理开发利用为主的基本原则，实现区域绿道（省立）的可持续发展。

5.0.2 绿廊植被的规划设计应遵循"生态优先、保护生物多样性、因地制宜、适地适树"的原则，最大限度地保护、合理利用场地内现有的自然和人工植被，维护区域内生态系统的健康与稳定。

5.0.2.1 对场地内受到破坏的地带性植物群落，应以地带性植物为主，采用生态修复等技术手段，恢复具地域特色的植物群落，并防止外来物种入侵造成生态灾害。

5.0.2.2 充分利用植物的观赏特性，营造色彩、层次、空间丰富的植物景观，提升区域绿道（省立）的游赏乐趣。

5.0.2.3 在景观较好的区域不应过密种植植物，应提供一些视线通廊，确保视野可达区域绿道（省立）周边的人文及自然景观。

5.0.2.4 充分考虑游人的安全性，在与慢行道边缘相邻并已明确划定的地表层区、休息区以及其他公共区域，避免种植密集、连续的灌木和地被。

5.0.2.5 植物种植应与珠三角地区城市景观风格协调、统一。

5.0.2.6 节点系统的植物种植应满足游人游憩的需要。

5.0.2.7 植物种类的选择应以地带性植物为主，构建有利于保证"生物及景观多样性"的生态空间，同时应与周边的植物景观相融合。

5.0.2.8 紧邻慢行道的植物选用应符合下列规定：

乔木宜选用高大荫浓的种类，枝下净空应大于2.2m；

严禁选用危及游人生命安全的有毒植物；

勿选用枝叶有硬刺或枝叶形状呈尖硬剑状、刺状的种类。

5.0.3 对于绿廊水体的建设，必须注意水资源的合理开发和利用，特别要根据水资源时空分布、演化规律，调整和控制人类的各种取用水行为，使水资源系统维持良性循环，实现地区水资源的可持续发展。

5.0.3.1 应根据河流的天然走向进行区域绿道（省立）的规划设计，避免随意改变河流的自然形态，即不宜采用裁弯取直、渠化、固化等方式破坏河流的生态环境。

5.0.3.2 不宜在绿廊的河道水系中新建永久性的水工建筑物，包括混凝土坝、浆砌石坝、堆石坝、橡胶坝等。

5.0.3.3 在规划和连通绿廊中水系时，应科学调查分析，严禁将高污染程度的水系引入洁净或低污染程度的水系。

5.0.3.4 可采用人工湿地、水生植物吸附、膜处理技术等水质生态恢复措施，有效恢复绿廊中已经遭到污染的河流水系，改善、提高水质。

5.0.3.5 应根据不同河段的功能，保证河流两侧缓冲带的宽度，不得影响天然河流或人工沟渠行洪安全。

5.0.3.6 除非基于绿道通达性的需要，否则，应避免在河岸上修建新的道路。

5.0.4 采取有效措施，防控绿道周边出现水土流失问题。对于慢行道的建设可能带来的对绿廊环境的破坏，可在场地内慢行道周边采取必要的边坡防护措施、截排水系统措施，同时结合适当的植被恢复措施以保护绿廊的自然地貌。

5.0.4.1 控制果园树林、农田等的化肥农药用量，使用符合标准的水质灌溉，禁止超标灌溉，避免造成农业污染型土壤污染。

5.0.4.2 集中处理固体废弃物，不得任意丢弃或直接埋入土壤。

5.0.4.3 严禁在绿廊开山取石。

5.0.5 认真贯彻"严格保护、合理恢复"的方针。严格保护野生动物生境，不得进行高强度的开发建设活

动。应配合植物种植，逐步恢复珠三角区域绿道（省立）的生物多样性特色。

5.0.5.1 应充分考虑区域绿道（省立）建设环境对野生动物的影响，并采取切实的措施，避免对国家或者地方重点保护野生动物及其生存环境产生不利影响。

5.0.5.2 引入野生动物应以适合珠三角地区生长的种类为准，避免因物种引入而影响珠三角地区生境和乡土野生动物的生存。

6 慢行道规划设计

6.0.1 遵循最小生态影响的原则，避免因在生态敏感区开辟慢行道而干扰野生动植物的生境。

6.0.2 慢行道选线必须满足旅游、护林防火、环境保护及生产、管理等多方面的需要。

6.0.2.1 严禁在容易发生滑坡、塌方、泥石流等地质灾害的不良地段布设慢行道。

6.0.2.2 可采用多种形式组成慢行道网络，并与外部道路合理衔接，确保与机动交通网络的联动。有水运条件的地区，宜形成水陆联运体系。

6.0.2.3 应合理利用现有道路资源条件，做到技术可行、经济合理，尽量不占或少占景观用地。

6.0.2.4 慢行道沿线应尽可能做到有景可观，步移景异，避免单调平淡。

6.0.2.5 慢行道的线形应顺应自然，避免大填大挖，尽量不损害原有地表植被和自然景观。

6.0.3 可按照使用者的不同将慢行道分为：步行道、自行车道、无障碍道和综合慢行道（即步行道、自行车道和无障碍慢行道的综合体）；按照地面形式的不同，可分为陆上慢行道和水上慢行道。

6.0.4 慢行道宽度针对不同的区域绿道（省立）的使用功能和地区有所不同，宽度标准可参照表6.0.1。

6.0.5 在满足使用强度的基础上，鼓励采用环保生态自然材料铺装慢行道路面，多采用软性铺装，常见的软性铺装和硬性铺装材料以及其优缺点见表6.0.2。

6.0.6 选择慢行道铺装材料主要取决于其功能与类型，此外，要保证所选材料能与区域绿道（省立）及其周围自然环境相协调，并能代表当地特色或文化特征。

珠三角区域绿道（省立）的意向（四）

各类慢行道的参考宽度标准

表6.0.1

慢行道类型	慢行道宽度的参考标准
步行道	2m（都市型区域绿道（省立））
	1.5m（郊野型区域绿道（省立））
	1.2m（生态型区域绿道（省立））
自行车道	3m（都市型区域绿道（省立））
	1.5m（郊野型区域绿道（省立））
	1.5m（生态型区域绿道（省立））
无障碍道	3m（都市型区域绿道（省立））
	2m（郊野型区域绿道（省立））
	1.5m（生态型区域绿道（省立））
综合慢行道	6m（都市型区域绿道（省立））
	3m（郊野型区域绿道（省立））
	2m（生态型区域绿道（省立））

常见的软性铺装和硬性铺装材料以及其优缺点

表6.0.2

铺装分类	铺面材料	优点	缺点
软性铺装	裸土	自然材料，成本最低，维护较少，可塑性强，利于日后改造	比较脏，天气适应性差，用途局限
	碎木纤维	自然材料，表面柔软，方便行走，成本适中	易腐蚀（不耐高温、潮湿、阳光），后期维护较多
	颗粒石	自然材料，表面柔软，方便行走，成本适中	表面容易受到侵蚀、冲刷，日常维护多
	木料	自然材料，铺面柔韧性好，景观性和生态性好，用途多样	铺设造价高，易受损坏，维护费用高，潮湿易滑并引起火灾
硬性铺装	沥青	表面坚硬，用途多样，天气适应性强，抗腐蚀，维护费用低	铺设造价高，生态性差，容易造成污染
	石块	自然材料，表面坚硬，用途多样，天气适应性强，抗腐蚀	铺设造价高，容易侵蚀，可能会存留坚硬的石角，对游人的安全存在一定隐患
	混凝土	表面坚硬，用途多样，天气适应性强，维护费用低	容易导致表面崎岖，铺设和维护费用均高，生态性差

各类慢行道的坡度设计范围

表6.0.3

慢行道类型	纵坡坡度参照标准	横坡坡度参照标准
自行车道	3%为宜，最大不宜超过8%	2%为宜，最大不宜超过4%
步行道	3%为宜，最大不宜超过12%（当纵坡坡度大于8%时，应辅以梯步解决竖向交通）	最大不宜超过4%
无障碍慢行道	2%为宜，最大不宜超过8%	2%为宜，最大不宜超过4%

6.0.7 慢行道的坡度设计应与现有自然条件下的横坡、纵坡相匹配。针对不同类型的慢行道，其坡度的设计范围可按照表6.0.3执行。

7 节点系统规划设计

7.0.1 区域绿道（省立）中的节点系统包括发展节点和绿道的各类交叉点。

7.0.1.1 发展节点主要指区域绿道（省立）所联系的具有一定自然、文化、历史特色的地段，包含必须严格保护的地质遗址、遗迹、历史古迹和珍稀、濒危物种分布区域，以及具有重大科学文化价值的区域等。

7.0.1.2 交叉点主要包括区域绿道（省立）与公路交通、轨道交通、河流水道的交叉点等。

7.0.2 发展节点的选择应根据所在地区的自然资源和人文资源，体现当地的自然或人文特色。

7.0.3 发展节点是区域绿道（省立）中游客逗留和休憩的重要节点，应配备完善的服务设施和相应的水、电、能源、环保、抗灾等基础工程条件，依托现有游览设施及城镇设施；应避开易发生自然灾害和不利于工程建设的地段。

7.0.3.1 本着"保护第一，开发第二"的原则，不宜随意改变发展节点所在地的原有风貌，只须对其进行适当的生态修复，使其更符合区域绿道（省立）的功能定位。

7.0.3.2 除辅助添加必要的人工游憩要素外，发展节点的建设不应对原有地段内的生态环境产生较大冲击，特别是不得对其地形、地貌、天然植被等自然条件造成破坏。

7.0.4 遵循自然、生态的原则，因地制宜地结合野外游憩、科技教育、体育休闲、疗养保健等需求，确定发展节点的功能。

7.0.4.1 应根据需要在珍贵景物和重要景点设置有效的保护设施，但不得增建其他工程设施。

7.0.4.2 严禁砍伐或移植古树名木，并应采取有效的技术措施维护良好的生态环境，维护正常生长。

7.0.4.3 贯彻"修旧如旧"的方针，加强对发展节点中古建筑物的保护，保持其原有的历史风貌。

7.0.5 发展节点应具有一定的防灾避险功能，并可作为城市防灾避险的重要场所。

7.0.5.1 应尽量完善已有发展节点防灾避险的功能。

7.0.5.2 防灾避险规划内容应作为发展节点规划设计阶段的必要组成部分。

7.0.6 区域绿道（省立）应尽量避免与高等级公路

珠三角区域绿道（省立）的意向（五）

交通、轨道交通交叉，如必须相交时宜采用立体交叉的形式。应在满足交通需求的情况下采取简单形式的立体交叉，其体形和色彩应与区域绿道（省立）周边环境相协调，力求简洁大方。

7.0.7 区域绿道（省立）与河流水道交叉时，应配合桥梁设计，合理确定交叉形式，尽量减少占用桥梁的面积。

7.0.7.1 应充分利用已有的桥梁，不宜大量新建跨水桥梁，以免造成对周边生态环境的破坏。

7.0.7.2 在不影响桥梁工程结构的基础上，对已有的桥梁进行一定生态景观美化，以满足区域绿道（省立）的要求。

8 标识系统规划设计

8.0.1 区域绿道（省立）标识系统包括：信息标志、指路标志、规章标志、警示标志、安全标志和教育标志六大类。

8.0.1.1 信息标志用于标明游客在区域绿道（省立）中的位置，并提供区域绿道（省立）设施、项目、活动，以及游览线路及时间等信息。

8.0.1.2 指示标志用于标明游览方向和线路的信息。大部分指路标志用图形并配以简单文字进行说明。

8.0.1.3 规章标志用于标明区域绿道（省立）法律、法规方面的信息以及政府有关绿道建设的政策。

8.0.1.4 警示标志用于标明可能存在的危险及其程度，且至少要在危险路段前80～100m处设置。

8.0.1.5 安全标志用于明确标注游客所处的位置，以便为应急救助提供指导。凭借游人的区域绿道（省立）和所处区段编号，救助人员能快速地为其定位。

8.0.1.6 教育标志用于标注区域绿道（省立）所在地的独特品质或自然与文化特征，作为向普通公众，特别是青少年普及地质、生态环保等知识的载体。

8.0.2 区域绿道（省立）各类标志牌必须按统一规范的要求清晰、简洁地设置，从而实现对区域绿道（省立）使用者的指引功能。

8.0.2.1 各种标志牌一般应设置在游客行进方向道路右侧或分隔带上，牌面下缘至地面高度宜为1.8-2.5m。

8.0.2.2 同一地点需设两种以上标志时，可合并安装在一根标志柱上，但最多不应超过四种，标志内容不应矛盾、重复。

8.0.2.3 区域绿道（省立）同类标示牌设置间距不应大于500m。

8.0.3 各市区域绿道（省立）的标志要在统一规格的基础上，具有地方特色，应能明显区别于道路交通及其他标识。

8.0.4 制作标志牌所采用的原材料应体现环保和节约的精神。

9 服务系统规划设计

9.0.1 区域绿道（省立）的服务系统由游览设施服务点和管理设施服务点两部分组成。游览设施服务点主要为区域绿道（省立）中的游客提供便民服务；管理设施服务点主要为区域绿道（省立）的日常管理服务。

9.0.1.1 游览设施服务点包括信息咨询亭、游客中心、医疗点、露营点、烧烤点、垂钓点等。

9.0.1.2 管理设施服务点包括治安点、消防点等。

9.0.2 应结合珠三角地区各城市的总体规划、市政设施规划、防灾避险规划、土地利用规划、旅游发展规划等专项规划成果，按照《珠江三角洲绿道网总体规划纲要》确定的密度，合理配置服务点。

9.0.3 按照相对集中与适当分散相结合的原则，合理确定服务系统的布局，确保方便区域绿道（省立）使用者，同时便于经营管理与减少干扰，发挥设施效益。

9.0.4 应充分整合珠三角地区现有的各类公共服务资源和设施，加快区域绿道服务系统的配套完善。

9.0.5 规划建设服务系统应有利于保护景观，方便旅游观光，为游客提供畅通、便捷、安全、舒适、经济的服务条件。

9.0.6 规划建设服务系统应满足不同文化层次、职业类型、年龄结构和消费层次游人的需要，使游客各得其所。

9.0.6.1 服务设施的建筑层数一般以不超过林木高度为宜；兼顾观览和景点作用的建筑物高度和层数服从景观需要。

9.0.6.2 亭、廊、花架、敞厅的楣子高度，应考虑游人通过或赏景的要求；

9.0.6.3 亭、廊、花架、敞厅等供游人坐憩之处，不采用粗糙饰面材料，也不采用易刮伤肌肤和衣物的构造。

9.0.7 绿廊系统中的生态敏感区内不得设置集中的服务设施。

9.0.7.1 要结合标识系统，在区域绿道（省立）中设立信息咨询亭，以便提供各种便民服务。其区位以区域绿道（省立）入口为宜。

9.0.7.2 信息咨询亭可兼具旅游商品售卖等服务功能，亦可提供饮水和快餐等服务，并配备一定数量急救用品。

9.0.7.3 可因地制宜设立露营点、烧烤点、垂钓点等，以满足公众亲近自然的需要。

9.0.8 地形险要的慢行道和水岸边应设置安全防护设施（护栏或防护绿带），以保证游人的安全。

9.0.8.1 安全护栏设施的高度宜不低于1.05m，在竖向高差较大处可适当提高，但不宜高于1.2m。

9.0.8.2 防护绿带的宽度宜不小于1.5m，建议乔、灌、草相结合，以保证较好的防护效果。

9.0.9 各项服务系统设施应靠近交通便捷的地区，但应避免在有碍景观和影响环境质量的地段设置。

10 基础设施规划设计

10.0.1 区域绿道（省立）的基础设施是指保障游憩休闲活动能够正常进行的一般物质条件，具有先行性，包括出入口、停车场、环境卫生、照明、通信、防火、给排水、供电等。

10.0.2 因地制宜地布设基础设施，并充分考虑沿线现有的城市基础设施的综合利用。在生态型区域绿道（省立）内布设的基础设施，不得对区域绿道（省立）所经地区的生态环境造成负面影响。

10.0.3 结合珠三角地区各城市总体规划、绿地系统规划、交通系统规划、旅游发展规划的原则规定，特别是以方便游客进出为基本原则，设置区域绿道（省立）的出入口，如设立在已有道路或景观节点附近。

10.0.4 区域绿道（省立）中除必要的消防、医疗、应急救助用车外，原则上应避免游客驾驶机动车进入。必须合理地选择一系列区域绿道（省立）出入口处设置机动车停车场，对城市周边的郊野型区域绿道（省立）

尤其如此。机动车停车场应设立在区域绿道（省立）边缘，远离生态敏感地区。

10.0.5 以自行车交通出行速度8~14km/h计算，区域绿道（省立）应根据出行入口和出行距离，结合区域绿道（省立）节点系统，每隔6~10km设置自行车停车场。鼓励开展自行车租赁业务。

10.0.6 为区域绿道（省立）配置的机动车停车场和自行车停车场应尽量利用现有资源，避免大规模修建新的各类停车场。

10.0.7 机动车停车场和自行车停车场宜采用软性铺装改造或新建，以实现完全绿化、生态化和透水化。

10.0.8 为严格防止污水和各种生活垃圾对绿道环境的污染和破坏，应配备完善的环境卫生设施，包括固体废弃物收集、污水收集处理、公共厕所等各种设施。

10.0.8.1 结合所经地区的具体实际，合理确定垃圾箱和公共厕所的布置密度，一般来说，生态型区域绿道（省立）的布设密度应较小，郊野型区域绿道（省立）的布设密度居中而都市型区域绿道（省立）的布设密度应较大。

10.0.8.2 在发展节点附近可适当增大布设密度。

10.0.8.3 垃圾箱应设垃圾分类指示标志。

10.0.8.4 区域绿道（省立）中的公共厕所宜选择生态环保型厕所。

10.0.9 各类生活垃圾以及生产、生活污水在满足达标排放的基础上，宜采用生态化的处理方式，尽量减少对区域绿道（省立）生态环境的负面影响。

10.0.10 区域绿道（省立）的照明设施包括固定和流动两种形式。在郊野型和都市型区域绿道（省立）中可设置固定照明设施，但仅限在慢行道及重要节点上，以保障游客安全通行，防止犯罪活动，而生态型区域绿道（省立）中则以流动照明方式为主。

10.0.10.1 照明的范围和强度以不干扰动物生活为基本原则，不应对区域绿道（省立）中的野生动物生存、繁殖、迁徙等行为造成较大威胁。

10.0.10.2 照明设施应安全可靠、经济合理、节省能源、维修方便、技术先进。

10.0.11 应配备完善的通信系统以及应急呼叫系统，满足游客的沟通、呼叫需求。通信系统应以有线为主，有线与无线相结合。

10.0.11.1 完善区域绿道（省立）的通信网络，消除手机信号盲点，保障通信的畅通性。

10.0.11.2 结合道路报警系统，区域绿道（省立）内应设立安全报警电话，作为应急呼叫系统的重要组成部分。

10.0.12 按照"预防为主，积极消灭"的方针，开展区域绿道（省立）的防火工程规划设计。主要包括瞭望、阻隔、预测预报、通信、道路、巡逻、检查、防火机场、防火站等工程建设，应根据地区特点和保护性质，设置相应的安全防火设施，特别是郊野型和生态型区域绿道（省立）。

10.0.13 区域绿道（省立）的给水工程包括生活用水、生产用水和消防用水的供给，给水点宜主要分布在发展节点。

10.0.14 应根据电源条件、用电负荷和供电方式，本着节约能源、经济合理、技术先进的原则，规划设计区域绿道（省立）的供电工程，做到安全适用，维护管理方便。

10.0.15 区域绿道（省立）中的停车场、照明、防火、给水、供电等基础工程规划设计除执行本指引相关规定外，还应符合国家和部门的现行有关标准或规范的要求。

附图

区域绿道（省立）标志意向

区域绿道（省立）标识意向

区域绿道（省立）配套设施意向

1978-1998年之间不同学者提出的生态廊道的适宜宽度值　　表1

作者	发表时间	宽度（m）	说明
Corbett E S 等	1978	30	使河流生态系统不受伐木的影响
Stauffer 和 Best	1980	200	保护鸟类种群
Newbold J D 等	1980	30	保护无脊椎动物种群
Brinson 等	1981	30	保护哺乳、爬行和两栖类动物
Tassone J E	1981	50 ~ 80	松树硬木林带内几种内部鸟类所需最小生境宽度
Ranney J W 等	1981	20 ~ 60	边缘效应为 10 ~ 30m
PeterjohnW T 等	1984	100	维持耐荫树种山毛榉种群最小廊道宽度
		30	维持耐荫树种糖槭种群最小廊道宽度
Cross	1985	15	保护小型哺乳动物
Forman R T T 等	1986	12 ~ 30.5	能够包含多数的边缘种，但多样性较低
		61 ~ 91.5	具有较大的多样性和内部种
BuddW W 等	1987	30	使河流生态系统不受伐木的影响
BrownM T	1990	98	保护雪白鹭的河岸湿地栖息地较为理想的宽度
Williamson 等	1990	10 ~ 20	保护鱼类
Rabent	1991	7 ~ 60	保护鱼类、两栖类、鱼类
Juan A 等	1995	3 ~ 12	廊道宽度与物种多样性之间相关性接近于零
		12	草本植物多样性平均为狭窄地带的 2 倍以上
		60	满足生物迁移和生物保护功能的道路缓冲带宽度
Rohling	1998	46 ~ 152	保护生物多样性的合适宽度

根据相关研究成果归纳的生物保护廊道适宜宽度　　表2

宽度值	功能及特点
3 ~ 12	①廊道宽度与草本植物和鸟类的物种多样性之间相关性接近于零；基本满足保护无脊椎动物种群的功能
12 ~ 30	②对于草本植物和鸟类而言，12m 是区别线状和带状廊道的标准。12m 以上的廊道中，草本植物多样性平均为狭窄地带的 2 倍以上；12 ~ 30m 能够包含草本植物和鸟类多数的边缘种，但多样性较低；满足鸟类迁移；保护无脊椎动物种群；保护鱼类、小型哺乳动物
30 ~ 60	③含有较多草本植物和鸟类边缘种，但多样性仍然很低；基本满足动植物迁移和传播以及生物多样性保护的功能；保护鱼类、小型哺乳、爬行和两栖类动物；30m 以上的湿地同样可以满足野生动物对生境的需求；截获从周围土地流向河流的 50% 以上沉积物；控制氮、磷和养分的流失；为鱼类提供有机碎屑，为鱼类繁殖创造多样化的生境
60/80 ~ 100	④对于草本植物和鸟类来说，具有较大的多样性和内部种；满足动植物迁移和传播以及生物多样性保护的功能；满足鸟类及小型生物迁移和生物保护功能的道路缓冲带宽度；许多乔木种群存活的最小廊道宽度
100 ~ 200	⑤保护鸟类，保护生物多样性比较合适的宽度
≥ 600 ~ 1200	⑥能创造自然的、物种丰富的景观结构；含有较多植物及鸟类内部种；通常森林边缘效应有 200 ~ 600m 宽，森林鸟类被捕食的边缘效应大约范围为 600m，窄于 1200m 的廊道不会有真正的内部生境；满足中等及大型哺乳动物迁移的宽度从数百米至数十公里不等

美国加斯顿地区普通使用者建议慢行道宽度　　表3

慢行道使用者类型	宽度
自行车	3m（双行道）
徒步旅行者 / 散步 / 慢跑 / 跑步	1.2m（郊外）；1.5m（市内）

北美和以色列地区区域绿道（省立）的规模和慢行道宽度　　　　　表4

地区绿道	面积	长度	宽度
加拿大的渥太华国家首都绿道	200km²	40km	4m
美国普拉特河绿道		113km	2m 多宽
以色列高地市公园绿湾慢行道绿道			3m
北美卡托巴河绿道			3m

美国艾奥瓦州自然资源部（Courtesy of the State of Iowa Department of Nature Resources）

制定各类慢行道路面宽度标准　　　　　表5

慢行道使用者类型	推荐路面宽度
自行车使用者	3m（双向道）
远足／散步／慢跑／跑步者	乡村道 1.2m，城市道 1.5m
穿越乡村的滑雪者	双向道 2.4 ~ 3m
雪橇使用者	单向道 2.4m，双向道 3m
小型车辆	供两轮交通工具使用，1.5m，供 3~4 轮交通工具使用，2.1m
骑马者	路面宽度 1.2m，净宽 3.2m
轮椅使用者	单向路 1.5m

欧洲绿道慢行道的基本数据统计表　　　　　表6

国家	绿道	长度（km）	宽度（m）	平均坡度（%）	地表面
英国	Bristol & bath railway path	21			硬性和软性铺装
	Kirklees greenway network	28	2.5		硬性和软性铺装
	Camel trail	27			砂石道
法国	Albi–Castres greenway	44	3		砂石道
	La Perigourdine	45	3	2	硬性和软性铺装
	La voie verte de cluny a givry	36.5	3	3	硬性和软性铺装
	Voie verte des hautes vosges	23	3	0.53	硬性和软性铺装
奥地利	Iron horse and bicycle greenway	13	2.5	1	硬性和软性铺装
意大利	Greenway della martesana	35			硬性和软性铺装 软性地面（沙、草等）
西班牙	Via verde del guadiana	17			硬性和软性铺装
	Via verde del aceie（tramo II：subbetica）	56			砂石道
卢森堡	Piste cyclable du centre	43			硬性和软性铺装 软性地面（沙、草等）
	Trois rivieres cycle lane	110.4			硬性和软性铺装
	Piste cyclable de l'ouest	15			硬性和软性铺装
	Piste cyclable de l'alzette	42.5			硬性和软性铺装 软性地面（沙、草等）
	Piste cyclable de l'attert	53.3			硬性和软性铺装
	Piste cyclable d'echternach	43.5			硬性和软性铺装
瑞典	Klaral vsbanan	90			硬性和软性铺装
捷克共和国	Prague Vienna greenways	470	3		硬性和软性铺装 软性地面（沙、草等）
	Moravian wine trails	1200	3	3	硬性和软性铺装砂石道 软性地面（沙、草等）
	Krakow–moravia–vienna greenway	780	3	4	硬性和软性铺装砂石道 软性地面（沙、草等）
比利时	L119–La houillere	15	3	2	硬性和软性铺装
	L142 Namur–Hoegaarden	40			硬性和软性铺装

环首都绿色经济圈绿道网总体规划

项目规模：3.01万km²
编制时间：2011年
合作单位：河北省林业调查规划设计院

环首都绿色经济圈绿道网规划以环绕首都的张家口、承德、廊坊、保定4个城市为规划对象，总面积约3.01万km²。规划在充分研究环首都区域自然地形地貌特征的基础上，结合各城市实际的发展情况和相关部门意见，形成了环首都地区的"三横三纵两环"

的八条骨架绿道网，规划总长度约3100km，并将八条线路分为滨水保护型、文化观光型、休闲游憩型和生态体验型四种类型进行指引，为河北省对接首都绿道和环首都各地区的绿道建设与规划提供了宏观指导。

文化观光型绿道效果图

滨水保护型绿道效果图

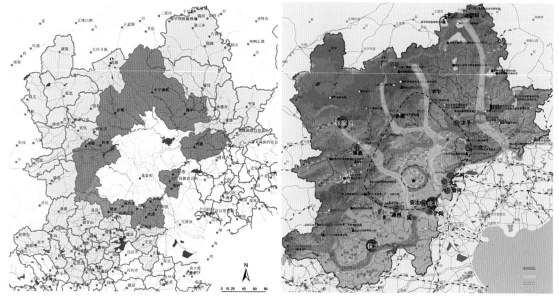

规划范围   规划结构图

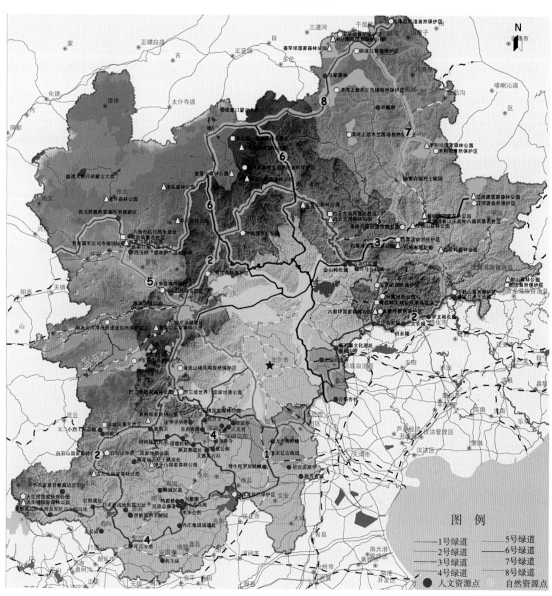

珠三角绿道（深圳段）规划设计

项目规模：231km
设计时间：2009～2011年
项目获奖：全国优秀工程勘察设计行业奖二等奖、"两岸四地"建筑设计大奖卓越奖、中国风景园林学会优秀风景园林规划设计奖一等奖、全国人居经典建筑规划设计方案竞赛规划&环境双金奖、广东省优秀工程勘察设计奖二等奖、深圳市优秀工程勘察设计二等奖、首届深圳建筑创作奖铜奖

珠三角绿道是广东省建设"宜居幸福广东"的重要举措，本次设计的深圳绿道共含4段，分别以绿色生态走廊、历史人文足迹、活力大运风采和山海相依文脉为主题特色，着重突出生态、人文、活力、景观四大重点，建设成具有深圳地域特色的，集生态功能、社会功能、文化功能和观赏功能于一体的综合型绿道。

在空间布置上以慢行系统为联系纽带，宏观上串联深圳各类有较高价值的自然和人文资源，微观上串联慢行系统沿线的服务点与兴趣点，同时结合深圳城乡空间布局、地域景观特点、自然生态与人文资源特点，最终构建了深圳市绿道网络的核心骨架。

结合深圳城乡空间布局、地域景观特点、自然生态与人文资源特点，根据绿道所处的位置和目标功能的不同，可将绿道分为生态型、郊野型和都市型三种。

生态型绿道通过对动植物栖息地的保护、创建、连接和管理，来维护和培育其片区内的生态环境，保障生物多样性，可供自然科考、自行车以及野外徒步旅行。

郊野型绿道主要为人们提供亲近大自然、感受大自然的绿色休闲空间，实现人与自然的和谐共处，可供自行车以及野外徒步旅行。

都市型绿道主要位于城市建成区内，依托居民社区、人文景区、公园广场和道路两侧的绿地而建立，为方便市民自行车出行、人们慢跑、散步等活动提供场所。

深圳绿道设计中还突出以下特点：

（1）尊重和体现地域文化，践行可持续设计理念

绿道特区段利用原有的特区边防巡逻道进行一定的景观提升和设施配置后，让这段曾经的"军道"在新的历史时期焕发新的功能和作用。5号线在经过农田菜地时，利用瓜果长廊等天然材料构造亭廊等绿道服务设施，成为绿道沿线可生长的绿色建筑。5号线的场地设计将自行车驿站与大芬艺术高地的文化氛围充分结合，建筑体现了乡土建筑和现代材料的有机结合。

（2）绿道建设注重废旧材料的循环利用

在构筑物方面，将废弃的集装箱建设成为服务点与兴趣点，形成独具特色的绿道驿站，造价便宜，易于组装和搬迁。而针对不同的线路，集装箱的风格又各不相

身披霞光的深圳湾城市绿道

梅林坳绿道

珠三角区域绿道2号线梧桐山段

盐田海滨栈道绿道

深圳湾绿道

珠三角区域绿道2号线大运支线大运自然公园服务点

深圳聚龙山绿道

铁丝网变成攀缘植物展示墙

同。特区段的迷彩风格，体现了该段绿道曾经拥有的军事色彩，大运支线段的集装箱运用明艳欢快的色块组合来展示深圳的青春活力。

把废弃的枕木、自行车轮胎整合设计成标识牌，粗狂野趣、趣味横生。运用彩色透水混凝土做为绿道的主要游径材料，既环保透水，又鲜明可见。

（3）规模实践清洁能源

绿道服务建筑均采用太阳能板来满足日常的照明需要，山上的路灯均采用风光互补的可再生能源路灯，在充满电的情况下，可保证阴雨天7天之内的照明需求。

（4）构建乡土植物群落

在沿线绿廊的建设方面，也同样遵循了尊重自然的原则，让沿线的植被和生态在有限的人工干预下，按照自然演替的方式，逐步恢复自然群落，新添加的植被品种也多是乡土树种，使绿道沿线保持原有的生态野趣。

（5）由"旧"到"新"，实现绿道中原有村落的景观改造

目前，珠三角城市的中心区和郊区，存留很多脏乱破旧的城中村，严重影响了城市的整体现象和景观风貌，并成为构建和谐社会的潜在威胁。同时，由于经济发展的滞后，很多郊区农村基础设施配套也十分欠缺，而这些问题均通过绿道网，特别是社区绿道予以解决。

（6）由"家"到"绿"，社区绿道实现居民生态行

社区绿道网的规划设计与城市、分区游憩系统结合设置。建立贯穿城区集休闲、游憩、健身、交通、生态廊道为一体的绿色廊道综合体，使社区居民与游人能够就近进入绿道，同时可以便捷地接驳上层次绿道与外部交通体系与游憩体系。应实现步行5～10分钟进入社区级绿道的规划目标。

（7）"棕地"变"绿地"

绿道控制区范围内存在的大量废弃荒地、废弃的厂房以及待升级改造的工业区等棕地，经过林相改造、生态修复、景观提升等绿道设计方案，成为绿道网的绿色腹地。

南宁市中心城绿道网总体规划

项目规模：规划范围300km²
设计时间：2013年
合作单位：深圳市城市交通规划设计研究中心有限公司

南宁市被誉为中国绿城、中国水城。绿道网的建设与南宁市绿城水城的建设相得益彰，不谋而合。对南宁市的人居环境建设起到了很好的推动效应。南宁市拥有比较完善的非机动车交通体系，多数市政道路都布局有非机动车道与步行道，同时在风景优美的地段也设置有专门的景观步道。但同时其交通系统也存在一些问题，例如南宁电动车的大量使用成为这个城市一道独特的风景线，但也为这个城市带来了一定的交通隐患。绿道网系统承载了部分城市非机动车交通的功能，可以与城市公共交通、自行车系统以及步行系统实现合理有效的对接。

规划将中心城区绿道网分为三级：

市域级绿道——联系中心城及向市域范围联系的绿道对市域层面的生态环境保护和生态支撑体系构建具有重要意义的绿道。

中心城区绿道——服务于中心城内部，沟通了中心城内部的各个组团，对中心城内部的生态系统建设具有重要意义的绿道。

组团级绿道——以服务组团内部为主，使绿道网的服务范围覆盖至组团内的各个片区，使组团内主要的公园绿地与市民之间建立更为便捷的联系通道。

绿道网结构：

一横（市级绿道）——邕江风情走廊；

一纵（市级绿道）——生态核心主轴；

一环（区级绿道）——外环联系纽带；

八廊（区级绿道）——生态联系廊道；

十九脉（组团级绿道）——活力渗透经脉。

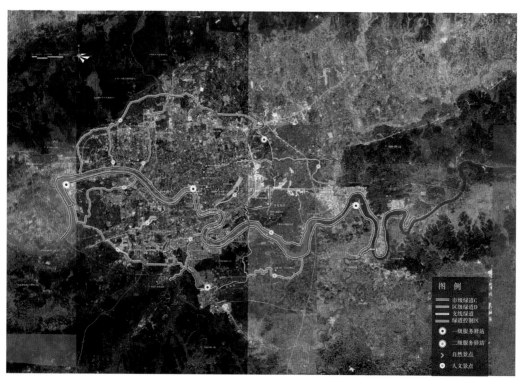

绿道网总体布局规划

生态网络的构建除了基于现有生态斑块和生态廊道评价，同时考虑生态敏感区的评价结果，最终确定评价结果高和敏感性高的廊道作为生态网络的廊道。

上述评价和选择的生态廊道是基于现状的，除了现状已有的生态廊道之外，不同斑块之间还存在潜在的其他廊道，需要使用AECGIS软件通过"最小路径法"来模拟潜在的廊道，作为补充。

不同土地利用类型生态阻力值	
土地利用类型	生态阻力（1-100）
水域	1-3
绿地	3-5
交通用地	50-80
建设用地	80-100

最小路径模拟步骤一：建立阻力面模型

生态阻力是指物种在不同景观单元之间进行迁移的难易程度，斑块生境适宜性越高，物种迁移的生态阻力就越小。根据不同土地利用类型可确定不同生境斑块的景观阻力大小，生成研究范围的生态阻力面模型。

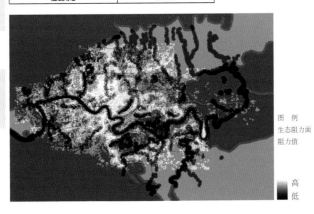

图 例
生态阻力面
阻力值

高
低

最小路径模拟步骤二：建立最小路径生态网络模型

● 利用ARCGIS软件的最小路径工具，在生态阻力面上模拟相邻生态斑块（大面积水体、绿地）连接的生态廊道。

● ARCGIS软件自动选择累积阻力值最小的路径为相邻生态斑块连接的生态廊道，结果如右图所示。

图 例

——模拟生态廊道
生态阻力面
阻力值
高
低

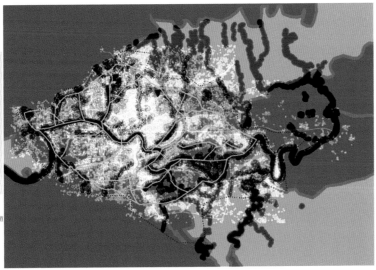

城市生态网络体系构建

效果图

福建石狮市绿道系统规划

项目规模：规划范围160km²
设计时间：2013年

石狮市绿道系统规划以"编织石狮绿色生态网络、挖掘石狮历史文化积淀、引领石狮健康休闲生活、带动石狮特色旅游产业"为目标，根据石狮市自然本底特点、城镇发展结构特征和未来发展态势、自然和人文景观资源的分布情况，以绿道线性联系为基础，点、线、面结合，串连尽量多的景观资源兴趣点、服务尽量多的人群。在市域范围内，绿道布局重点落实福建省级1号绿道（滨海绿道）和泉州市市域1号、4号绿道的具体走向，构筑石狮城市生态、休闲廊道，形成"一环"；整合石狮城市景观资源，串联主要生态斑块，依托城市重要河流、市政干道及生态绿廊，构建石狮城市绿色骨架，联系海山城、联系城乡，形成"三横三纵"；石狮各组团片区依托城市道路、小巷及河道，串联自然、人文景点及商业中心，形成"多片分布"，共同构成"一环、三横三纵，多片分布"绿道网总体结构。

绿道系统综合考虑城市生态本底、景观资源、人口和交通等资源要素以及相关规划等政策要素，结合各组团片区的实际需求叠加分析，综合优化形成1条省级绿道、1条市域绿道、6条城市绿道、若干条社区绿道四级绿道的具体线路，总长255.5km。其中省级绿道43.7km，市域绿道22.3km，城市绿道79km，社区绿道110.5km。规划划定了一定范围的绿道控制区，综合布设3个一级驿站、5个二级驿站、7个服务点，共同构成石狮市绿道系统。

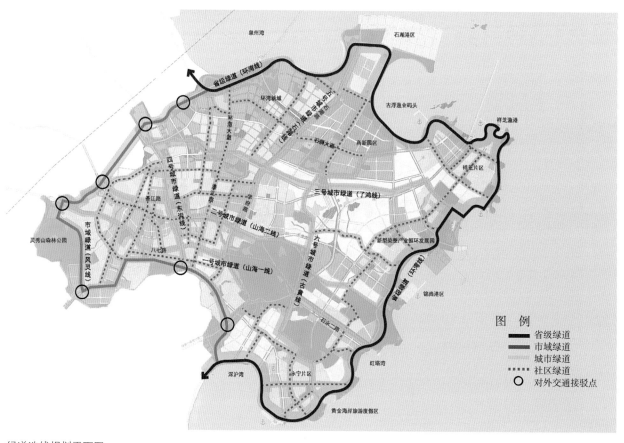

图　例
▬▬▬ 省级绿道
▬▬▬ 市域绿道
▭▭▭ 城市绿道
▪▪▪▪ 社区绿道
〇 对外交通接驳点

绿道选线规划平面图

A. 高架沿线型

B. 都市绿地型

C. 都市干道型

都市型绿道设计指引

A. 自然型

B. 港口型

C. 村镇型

海岸型绿道设计指引

A. 城区型-利用滨水带状绿地

B. 郊野型

滨水型绿道设计指引

A. 没线型

B. 新增型

山林型绿道设计指引

示范段建设效果图

滨海绿道示范段建设效果图

武汉东湖绿道（郊野段）规划设计

项目规模：主线长度约10.6km，设计面积约29.6hm²
设计时间：2015年
项目获奖：联合国人居署中国改善城市公共空间示范项目

环东湖绿道全长28.7km，分湖中道、湖山道、磨山道和郊野道4条主题绿道，本项目设计的郊野段总长度10.6km，西起鹅咀，东至磨山东门，藏于东湖深闺中的落雁景区将通过本项目建设充分呈现于广大市民眼前。

设计贯彻"让城市安静下来"的发展理念，以"湖光山色·醉美乡野"为核心特色，将东湖绿道郊野段打造成东湖风景区乡村主题园与湿地观光体验首选地。在景中村建设上，探索研究改造策略，提供景中园的发展思路；在景区发展上，通过绿道的连接，进一步梳理景区风貌特色；在地域景观的营造上追溯儿时记忆，恢复炊烟、田野、水杉林的郊野风貌。让市民感自然之脉搏、享绿色之趣行。全段绿道规划为湖光城影段、生态田园段、湿地郊野段、落雁长歌段，以激发市民更多游园探险新体验。

东湖绿道郊野段设计秉承融入自然的原则，选线因地制宜、随形就势，避免大工程量的土方填挖；设计细部充分运用乡土材料如土、砖、石、木、瓦等，自行车道采用青灰色透水混凝土，人行步道选用夯土路面、散铺砾石、透水砖三种形式，景墙选用干垒石墙、夯土墙，突出乡野气息。植物设计以原生的水杉林为基调，营造大花乔木的浪漫花廊和野花野草的乡野之美。

东湖绿道不仅极大提升了东湖沿线的环境品质，还促进了周边的美丽乡村建设与经济发展，实现环境、社会、经济效益高度统一。

总平面

0   200   400   800M

N

图 例 LEGEND

01. 鹅咀（接湖中段、磨山段）
02. 落雁路步道
03. 雁中咀驿站（炊烟夹道）
04. 西提步道（菱湖炊烟）
05. 湖滨步道（湖城好望）
06. 总观园
07. 菜园步道（田野童梦）
08. 柳堤步道
09. 生态园驿站（零碳花园）
10. 东湖生态园
11. 禾草步道（塘野蛙鸣）
12. 新武东村驿站（荷风林语）
13. 落雁岛驿站（落霞归雁）
14. 青王路门户
15. 磨山景区门户（磨山景区东门）

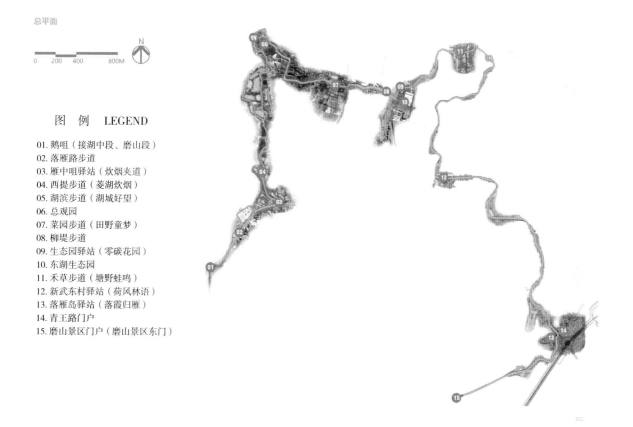

东湖绿道郊野段总平面图

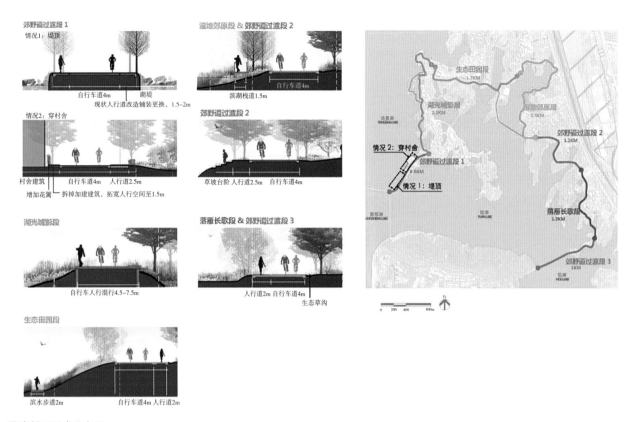

道路断面形式分布图

湿地郊原段

湖光城影段 > 绿道设计透视图

①湿地湖景
展现东湖的开阔湖景

②绿道
欣赏美丽风景的景观绿道

湖光城影段

鲜花绿道

效果图

9

风景园林规划

前海深港现代服务业合作区景观与绿化专项规划及设计导则

项目规模：14.9km²
设计时间：2013年
合作单位：北京普玛建筑设计咨询有限公司、泛亚环境国际有限公司
项目获奖：深圳市优秀城乡规划设计二等奖

作为中国改革开放前沿城市，深圳经济特区30年的快速发展为中国提供了快速城镇化的样板，前海深港现代服务业合作示范区作为深圳新一轮增长极，城市发展需要在生态战略的背景下谋求新的思路。

规划以景观都市主义理论与前海实践相结合，立足"参数化"分析方法，科学系统地构建"六廊三带"城市绿色生态网络，承载城市绿地系统、生态廊道、生态水系统、绿色交通系统等多重功能，构建一个城市和自然共生的无缝连接体系。以"上善水城"为目标，打造蓝色水廊融汇的魅力之城，规划以绿色基础设施+绿色生态廊道+绿色开放空间+绿色交通网络多重体系互相

渗透，营造绿色网络编织的生态之城，以特色鲜明的景观风貌控制，形成多彩路网营造的景观之城。

景观都市主义理念与前海实践相结合，运用参数化方法构建城市绿色生态网络，修复沿海生态系统与景观格局；构建各层级开放空间体系，营造多元活力共享空间；搭建特色景观路网，营造色彩鲜明道路景观；编制滨海特殊自然条件下的植物品种研究，协助临时苗圃的建设；编制景观设计导则，对各专项内容提出标准化设计指引；为业主方在实施建设过程中对景观项目的规划、设计、审批、建设和管理提供系统、长效的技术支持，并为后续详细工程设计提供依据。

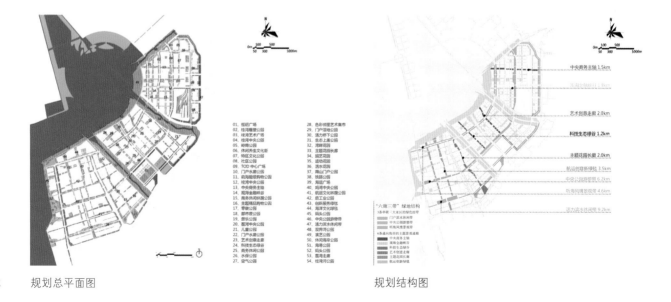

规划总平面图　　　　　　　　　　　　　　　　　　　规划结构图

开放空间分类规划图——城市公园

开放空间分类规划图——主题景观廊道

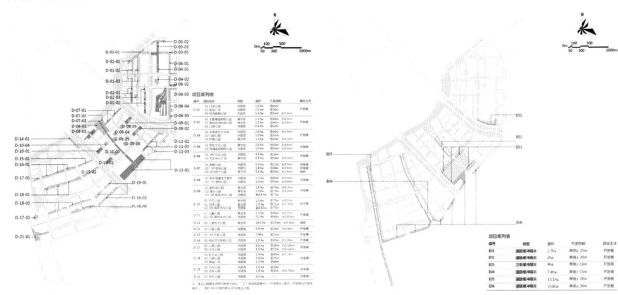

开放空间分类——独立开放空间

开放空间分类——生态缓冲带

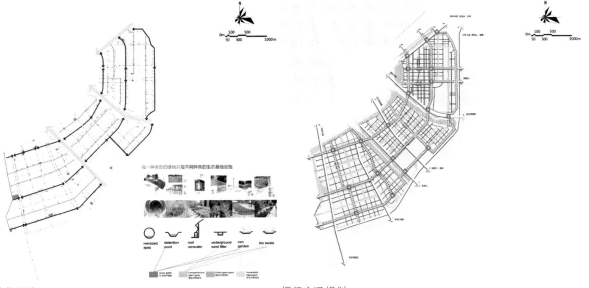

雨水收集系统

慢行交通规划

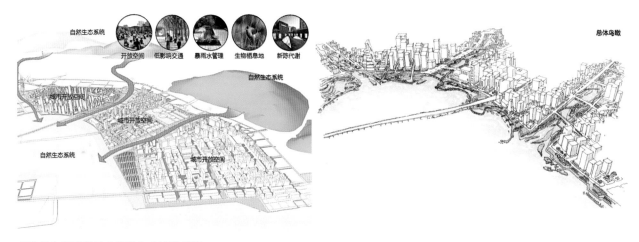

自然生态系统 开放空间 低影响交通 暴雨水管理 生物栖息地 新陈代谢

自然生态系统

城市开放空间

城市开放空间

自然生态系统

城市开放空间

总体鸟瞰

前海绿色基础设施全覆盖和水廊道建设

都市农业

码头公园

艺术创意走廊

枢纽广场

科技生态绿谷

主题花园长廊

前海深港现代服务业合作区北区环境整治工程

项目规模：7.5km²
设计时间：2013年8月
合作单位：深圳市北林地景园林工程有限公司
项目获奖：国际风景园林师联合会（IFLA）优秀奖

深圳前海深港现代服务业合作区将成为珠江三角洲都市区吸引区域人才、资源、投资的前沿要地，目前，前海合作区已经进入将持续十余年的全面开发建设时期。大面积的基础设施建设项目迅速推进，区内呈现出黄土裸露、扬尘满天的整体环境，各地块均不同程度地存在植被铺盖率低、多样性差、土壤盐碱化、水土流失严重等生态失衡问题。

本项目整治的范围是以国务院批复的前海深港现代服务业合作区用地范围除去妈湾片区的范围，面积约为7.5km²，前海区域从原有沿海大面积天然红树林到人工的基围鱼塘，再到现在的城市建设区，原有自然生态系统和生物廊道已然遭到破坏，本工程性质是以景观为主的环境整治工程，以设计施工管养总承包，在这些地块实施开发建设前对其进行过渡性的景观建设，实现生长中的历程转变。在高密度的城市中心区中更高效地利用有限的土地资源，为市民提供一处便捷、经济的周末休闲目的地。

前海合作区北区环境整治工程项目旨在缓解前海大量的开发建设给区域带来的恶劣环境与生态失衡问题；致力于寻求高强度开发建设与自然生态系统修复。作为设计施工管养一体化的创新工程，多项生态创新技术将在前海这片"试验田"上率先实践。科学的植物配置实现滨海区域动植物生境修复、盐碱地区土壤改良；全生长期免人工浇灌植物运用和草坪高效低养护关键技术将大大降低后续养护耗能；以下凹式绿地为主的城市雨洪利用技术将实现"大尺度的低冲击开发"目标。

海岸花地效果

深圳市坪山新区绿地系统规划（2012～2030年）

项目规模：166km²
设计时间：2012年
获奖情况：深圳市优秀城乡规划设计奖二等奖
合作单位：北京普玛建筑设计咨询有限公司

深圳市坪山新区于2009年成立，定位为深圳市新成立的采用功能区模式管理的综合配套改革试验区，2010年初，深圳市与住建部签署了《共建国家低碳生态示范市框架协议》，并将坪山新区确定为示范区。科学、合理的绿地系统规划将是实现坪山新区低碳生态化发展和"生态园林城市"建设的有力保障。

坪山新区绿地系统规划立足现状，在详细的现状资料基础上通过软件对坪山水文、风、地形地貌进行模拟分析，提出坪山新区"山水田园新城和绿色低碳坪山"的绿地总体发展目标。

规划采用"生态优先发展，打造山水田园格局；公园联合绿道，健全公园游憩体系；自然融合人文，构建人文绿地模式；地域景观营造，构筑特色景观绿地；三维绿地拓展，延伸绿地发展空间；低冲击模式，推进微绿地有序发展"六个方面的策略，推进坪山新区绿地系统的实施，到2030年，形成"一山、一水、两廊、六带、多点"的绿地系统结构，建成生态系统稳定、物种丰富、林相优美的山区绿化和系统完善、特色鲜明、配套完备的城区绿地系统，使城市青山相拥，碧水相依，绿廊穿插，成为国家创建低碳生态示范市的首善之区和理想城市的典范。

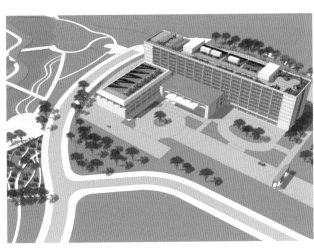

绿地系统下的低影响模式试点设计效果图

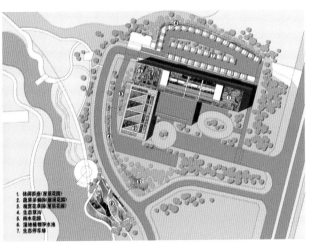

绿地系统下的低影响模式试点设计平面图

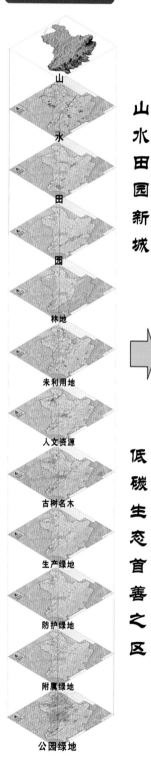

生态本底分析
ECOLOGICAL ANALYSIS

山
水
田
园
林地
未利用地
人文资源
古树名木
生产绿地
防护绿地
附属绿地
公园绿地

山水田园新城

低碳生态首善之区

深圳市坪山新区位于深圳市东北部，惠州西南部，规划总用地面积168平方公里。规划通过生态优先发展，构建山水田园绿地格局；公园联合绿道健全城市公园游憩体系；自然融合人文，打造坪山人文绿地模式；地域景观营造，构筑坪山特色景观绿地四大策略构建。以期实现坪山"山水田园新城和"绿色低碳坪山"的目标，形成一山、一水、两廊、六带、多点，青山相拥，绿水相依以绿为体，以水为魂山水共生的绿地结构，至2030年，建成生态系统稳定、物种丰富、林相优美的山区绿化和系统完善、特色鲜明、配套完备的城区绿地系统，使城市青山相拥，碧水相依绿廊穿插，成为国家创建低碳生态示范市的首善之区和理想城市的典范。

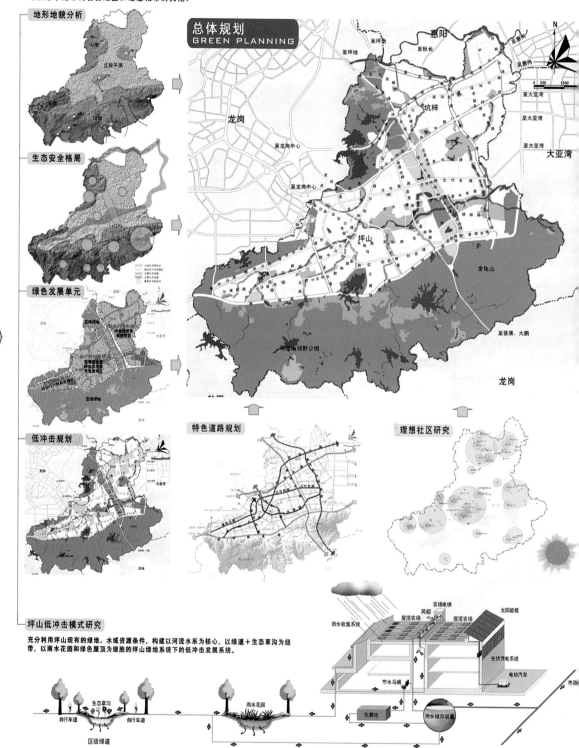

地形地貌分析

生态安全格局

绿色发展单元

低冲击规划

总体规划
GREEN PLANNING

特色道路规划

理想社区研究

坪山低冲击模式研究

充分利用坪山现有的绿地、水域资源条件，构建以河流水系为核心，以绿道＋生态草沟为纽带，以雨水花园和绿色屋顶为细胞的坪山绿地系统下的低冲击发展系统。

GREEN SYSTEM EXPANDS TO CREATE A NETWORK TO
STRUCTURE THE MASTER PLAN.
绿色系统以创建一个网络结构的总体布局

水系统
WATER NETWORK

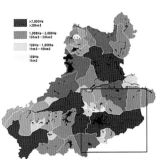

水径流
WATER RUN OFF

集水区域
WATER CATCHMENT AREA

EXISTING WATER BODIES NETWORK
现存水体系统

POTENTIALLY AVAILIBLE WATER VOLUMES 集水区的大小和潜在的水收集径流
潜在可用的水量 系数为0.5和2,000毫米/年

生态廊道
ECOLOGICAL CORRIDORS

BRINGING EXISTING LANDSCAPE AND
FOREST WITHIN THE URBAN AREA OF
THE PINGSHANG URBAN MASTER PLAN
IN ORDER TO CREATE A ECOLOGICAL
CORRIDOR

把现有的景观和森林带入坪山城市总体规划
区域,以创建生态廊,创建线性绿地系统。

绿道-行人通道
GREEN STREET - PEDESTRIAN LINKS

GREEN STREET ARE PEDESTRIAN, LOCAL AND SERVICE TRAFFIC
ONLY. CYCLE TRAFFIC ALLOWED. LARGE BOULEVARD IN THE MIDDLE
WITH CAFES AND LOCAL ACTIVITIES. CAN HAVE PLAYGROUNDS AS
WELL. THEY WORK AS A LONG PLAZA, SURROUNDED BY DENSITY, BUT
CAN ALSO CONNECT IMPORTANT PARKS.

绿道只限于场地的服务交通以及自行车交通。中间设有咖啡馆和当地活动的大型场
地,以及游乐场,可以连接重要的公园。

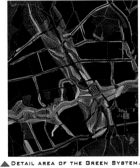

▲ DETAIL AREA OF THE GREEN SYSTEM.
DIFFERENT COLOURS SUGGEST DIFFER-
ENT COMPONENTS.
如图表示绿地系统的细节区域,不同的颜色代
表不同的组件

湿地
WETLANDS

WETLANDS ARE LINEAR OR WIDER
BODIES OF WATER THAT HAVE A
DOUBLE FUNCTION OF PROVIDING
HABITAT SOURCE AND CAPTURE AND
TREAT STORMWATER (SUDS SYSTEM).
湿地包括线性空间和更广泛的水域,具有提
供栖息场地和收集雨水的双重功能,可以组
成完善的体系或更大的网络。

城市森林
FOREST AND URBAN FOREST

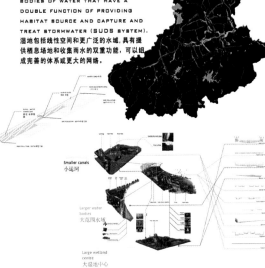

Smaller canals
小运河

Larger water
bodies
大范围水域

Large wetland
centre
大湿地中心

深圳市光明新区绿地系统规划

项目规模：156.13km²
设计时间：2009年4月
项目情况：深圳市第十四届优秀规划设计表扬奖

　　深圳市光明新区位于深圳市西北部，2007年成立之初就因良好的生态基底，定位为绿色新城。因此光明新区绿地系统专项规划在指标体系方面率先提出按照生态园林绿地的指标进行建设。

　　根据上层次规划及相关规划对新区的城市性质、发展目标、用地布局等的相关规定，针对光明新区绿地系统实际情况，提出构建和谐绿色生态新城的规划目标，在大的山水格局之下，完善城市生态系统、廊道系统和游憩系统建设，通过构建城区绿地系统来完善城市生活、生态系统，将绿地系统与自然、人文环境保护和游憩开发结合起来，形成一个完整的、健康的、可持续的生态绿地系统。打造"山水田原城市"、"鲜花之城"和"现代农业观光城市"的城市特色风貌。

　　规划提出形成"一环，两片，九廊，八组团"的城市绿地系统结构，科学地制定了各类城市绿地的发展指标，合理安排各类公园、绿地的空间布局。同时，规划将新区作为一个整体生态系统考虑，统筹兼顾，考虑通过自然生态优先、公园绿地均衡布局、公园绿地连通性、高效生态绿地系统、文化型休闲绿地、空中花园、都市农业特色七大规划策略，完善新区城市绿地系统，为新区未来发展和城市风貌特色打造提供思路。

总图

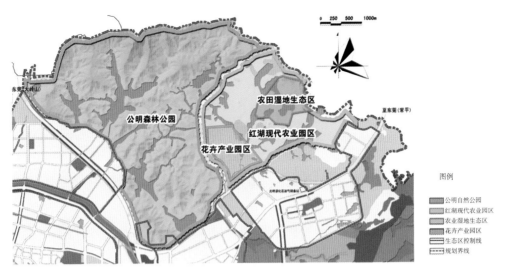

北部生态区项目规划指引

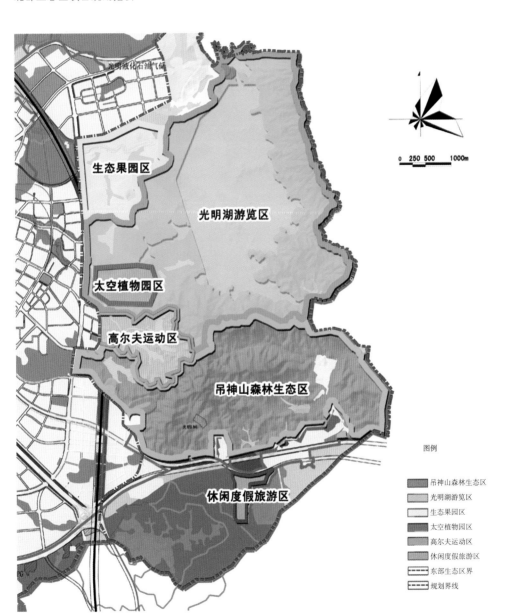

东部生态区项目规划指引

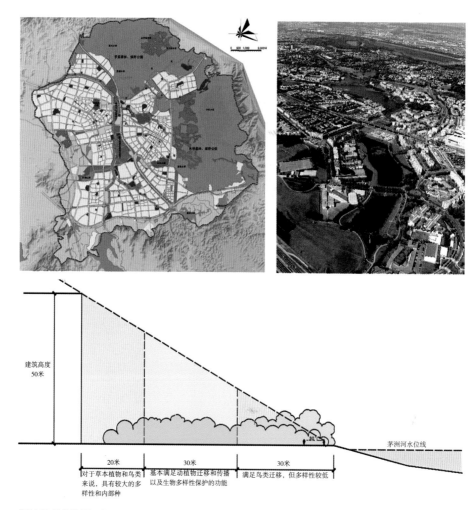

建筑高度
50米

茅洲河水位线

| 20米 | 30米 | 30米 |
| 对于草本植物和鸟类来说，具有较大的多样性和内部种 | 基本满足动植物迁移和传播以及生物多样性保护的功能 | 满足鸟类迁移，但多样性较低 |

调控地块规划指引

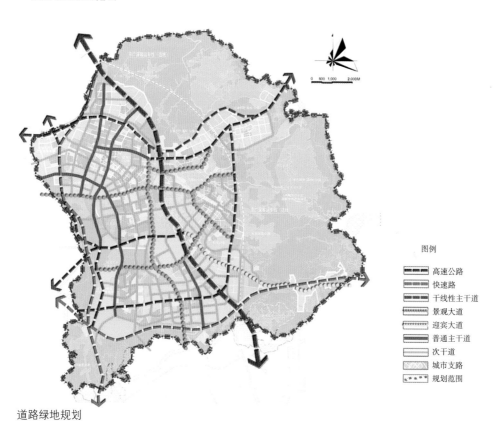

图例

高速公路
快速路
干线性主干道
景观大道
迎宾大道
普通主干道
次干道
城市支路
规划范围

道路绿地规划

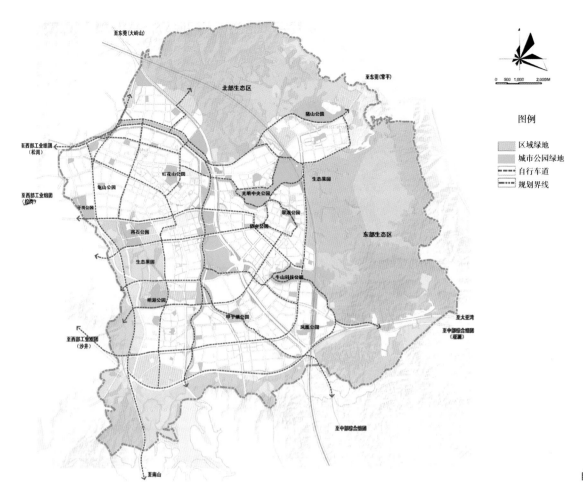

图例

区域绿地
城市公园绿地
自行车道
规划界线

自行车系统

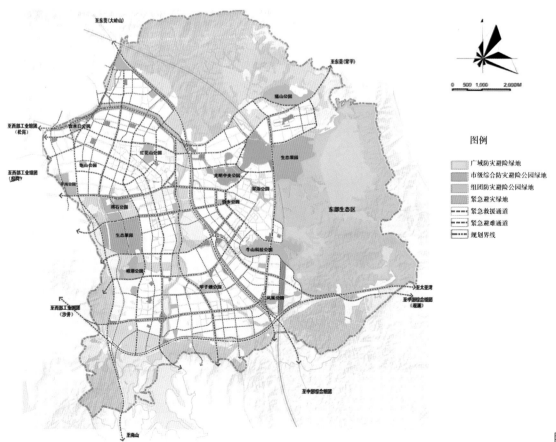

图例

广域防灾避险绿地
市级综合防灾避险公园绿地
组团防灾避险公园绿地
紧急避灾绿地
紧急救援通道
紧急避难通道
规划界线

厦门市海沧区景观风貌提升规划

项目规模：186.46km²
设计时间：2012年

"两城、两湾倚两山"的"山水城市"结构。两城即马銮新城和海沧新城；两湾是马銮湾和东屿内湖湾；两山是天竺山系和蔡尖尾山系。围绕"海沧生态健康城"的发展定位和"两湾一门三区"的战略发展布局，凸显生态和滨海特色，力争将海沧打造成东南沿海宜商、宜居、集休闲旅游和养生度假为一体的健康生态示范区。陆域面积186.46km²。属于区一级风貌规划，含市政路桥、公园绿地、重点门户节点规划。

海仓区现存城市风貌破碎、杂乱现有城市建设"千城一面"，城市气质的迷失等问题。城市风貌规划对把握城市格调、突出城市面貌特征具有引导和控制作用，是基于解决城市风貌现实问题的一种需要。

宏观分析城市上位规划、区域发展背景及整体发展战略，综合现状调查分析与评价，制定总体规划目标、策略研究；中观上整合分析城市空间格局、绿地系统、旅游景点、交通等功能，有针对性地展示城区风貌；在微观层面上对滨海、滨河、道路、桥梁、建筑及公共艺术等方面进行风貌规划或控制引导。

显山、露水、秀绿、映彩

首先根据城市现状和风貌，挖掘城市特色，提出清晰准确而富有地域特色的整体提升方向；其次，明确对于城市整体景观风貌有重要影响的区域和节点；第三是提出整体风貌提升的项目实施总表，并列明项目估算和实施进度。最后根据资金、可实施度、影响度等情况，提出近期实施的重点项目、意向和估算、进度等安排。

满足多人群对于整个海沧湖景观资源的综合利用
极力完善湖区慢行系统，规划建设环海沧湖自行车系统
追求 绿色生态健康环湖游

提升效果图

分项指引 — 景观带

5 个滨海公园

海港公园

港区海岸带 – 展示/停留

保税港区现状为封闭管理，市民难以进入，但港区景观也为海沧特色之一，建议增加节点，丰富海沧滨海景观特征感知。

休闲海岸

海沧湾休闲带 – 安逸

片区整体规划，逐步开发完善，实现设施共享，为市民提供日常休闲滨海空间。

旅游海岸

鳌冠海岸 – 品质

黄金海岸景观区，提升海湾品质，具备良好的配套设施，带动周边地块发展。为市民提供高端滨水休闲空间。

地质海岸

海蚀地貌公园 – 科普

合理组织现有海蚀地貌点，形成特色鲜明的滨海地质景观公园。

森林花园

马銮湾海岸带 – 生态

利用现有闲置滨海空间形成生态公园，以低成本建设，进行生态修复，为未来新城生态建设打下良好基础。

● **嵩屿码头**
现有码头品质较差，可进行适当改造作为海上交通及游线交通节点。

● **鳌冠码头**
规划鳌冠滨水公园中码头功能空间，远期海上旅游交通要点。

道路　海岸线 COASTLINE

滨海公园

分项指引 — 生态网

公园主要功能类型指引

生态休闲、度假疗养
突出山林地生态效益，结合绿道设登高游径、度假村、农家乐等休闲疗养驿站

运动健身、康体休闲
设置标准运动场地及一般健身活动场地，完善健身设施，满足不同人群多种需求

游憩漫步
区域性、居住区公园专门设老人、儿童活动场地，带状公园可设特色慢跑径

滨水体验
城市滨河地段，打造魅力亲水空间，设置平台栈道，吸引人群，激发片区活力

滨海观光
强调滨海岸线的生态保护，展示海蚀地貌，滨海绿地体现海沧滨海特色风貌

宗教文化
通过空间布局及特色植物种植等强化宗教氛围，设置供信众休憩游玩的设施

科普教育
强调对应的主题，同时兼具休闲游憩的功能

水库主要类型规划指引

水源保护、生态观光
生态敏感性高，设定保护控制范围，严格限制水域活动，仅做低强度开发

度假疗养、休闲游憩
保护环境的前提下，围绕水库适当设置度假驿站，可开设垂钓、游船等活动

分区指引

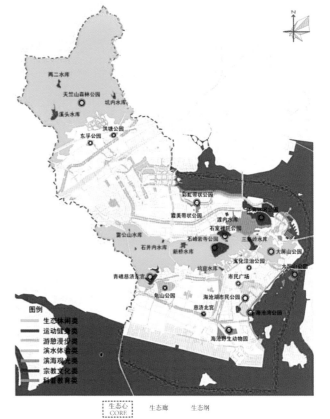

图例
生态休闲类
运动健身类
游憩漫步类
滨水体验类
滨海观光类
宗教文化类
科普教育类

生态心 CORE　　生态廊　　生态网

深圳市龙华新区绿地景观风貌提升规划

项目规模：176km²
设计时间：2014年

深圳市龙华新区成立于2011年，是深圳地理中心和城市发展中轴，北邻东莞和光明新区，东连龙岗，南接福田、罗湖、南山，西靠宝安，区域内的深圳北站是重要的交通枢纽，观澜河、观澜森林公园、羊台山郊野公园是区域重要的生态资源。

规划在详细的现状调研和广泛的公众参与基础上，通过对现有绿地的综合评估，提出龙华绿地景观风貌"生态花园新城、时尚创意新区"的总体定位，并从增加绿量、公园体系规划、特色公园规划、行道树规划、道路植被色彩规划、生态风景林带规划、绿道网规划、重要节点提升规划等方面进行指引，系统性地对龙华绿地景观的提升做出计划与安排，以期通过约5年的时间实现龙华绿地景观风貌由"龙华蝶变—深圳领先—国际一流"的华丽转变。

这是一个有别于绿地系统规划和城市景观风貌规划的以绿地景观主导的景观风貌规划，在满足绿地系统专项规划编制要求的基础上，规划侧重于对城市建成区内现状的"公园绿地、道路绿地、滨水绿地和重要节点绿地"进行统一的梳理与规划，运用控制性规划的方法对片区重要斑块、节点、廊道进行建设指引，并制定切实可行的提升计划与实施措施。

公园绿地现状

五点七带的公园景观风貌指引：　　　　　　　　　　**三类道路景观风貌指引：**

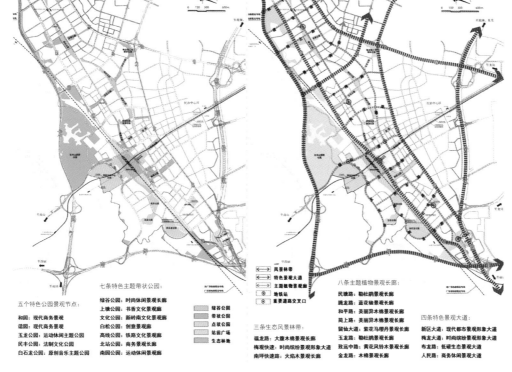

五个特色公园景观节点：

七条特色主题带状公园：

绿谷公园：时尚休闲景观长廊
和园：现代商务景观　　　　　　　　上塘公园：书香文化景观廊
谕园：现代商务景观　　　　　　　　文化公园：新岭南文化景观廊
玉石文化公园：运动休闲主题公园　　白松公园：创意景观廊
民乐公园：法制文化公园　　　　　　高线公园：铁路文化景观廊
白石龙公园：原创音乐主题公园　　　北站公园：商务景观长廊
　　　　　　　　　　　　　　　　　南园公园：运动体闲景观廊

八条主题植物景观长廊：

福龙路：大腹木棉景观长廊
腾龙路：蓝花楹景观长廊
和平路：美丽异木棉景观长廊
阁上路：美丽异木棉景观长廊
留仙大道：紫花马缨丹景观长廊
玉龙路：勒杜鹃景观长廊
致远中路：黄花风铃木景观长廊
金龙路：木棉景观长廊

三条生态风景林带：

福龙路：大腹木棉景观长廊
梅观快速：时尚缤纷景观形象大道
南坪快速路：火焰木景观长廊

四条特色景观大道：

新区大道：现代都市景观形象大道
梅龙大道：时尚缤纷景观形象大道
布龙路：低碳生态景观大道
人民路：商务休闲景观大道

景观风貌指引

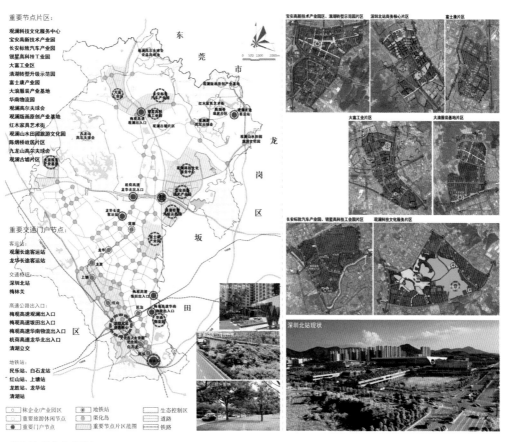

重要节点片区：

观澜科技文化服务中心
宝安高新技术产业园
长安标致汽车产业园
银星高科技工业园
大富工业区
清湖转型升级示范园
富士康产业园
大浪服装产业基地
华南物流园
观澜高尔夫球会
观澜版画原创产业基地
红木家具艺术街
观澜山水田园旅游文化园
陈烟桥故居片区
九龙山高尔夫球会
观澜古墟片区

重要交通门户节点：

客运站：
观澜长途客运站
龙华长途客运站

交通枢纽：
深圳北站
梅林关

高速公路出入口：
梅观高速观澜出入口
梅观高速坂田出入口
梅观高速龙华南物流出入口
机荷高速龙华北出入口
清湖立交

地铁站：
民乐站、白石龙站
红山站、上塘站
龙胜站、龙华站
清湖站

重要景观节点规划

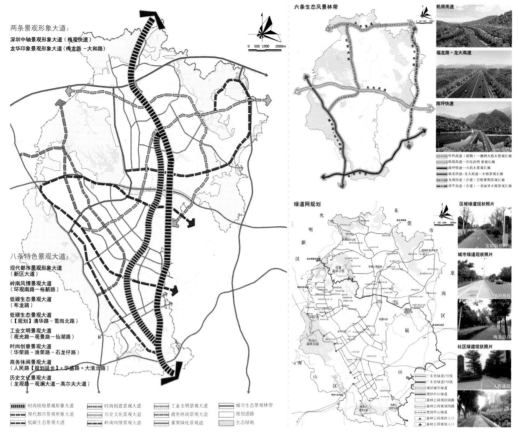

道路绿地风貌规划

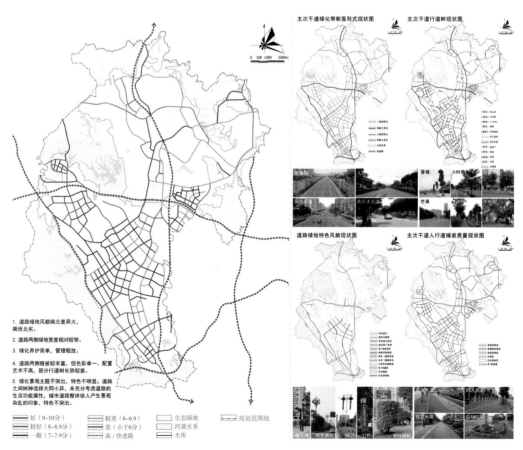

1. 道路绿地风貌南北差异大，南优北劣。
2. 道路两侧绿地宽度相对较窄。
3. 绿化养护简单，管理粗放。
4. 道路两侧植被较丰富，但色彩单一、配置艺术不高，部分行道树长势较差。
5. 绿化景观主题不突出，特色不明显；道路之间树种选择大同小异，未充分考虑道路的生态生活功能属性，城市道路整体给人产生景观杂乱的印象，特色不突出。

道路绿地风貌现状

梧桐山风景名胜区总体规划（2011~2030年）

项目规模：45.06km²
设计时间：2016年5月
项目获奖：深圳市第十六届优秀城乡规划设计奖三等奖

　　梧桐山风景区位于深圳市东部沿海地带，地跨罗湖、盐田、龙岗三区，东起沙头角、盐田工业区，南临南海大鹏湾，与香港新界山脉、溪水相连通，北与梧桐山村、大望村相接，西至布心山，地理位置独特，与市区紧密相连。

　　梧桐山风景名胜区是深圳市唯一的国家级风景名胜区，与香港一脉相连，溪水相通。风景区风景资源特色突出表现在"稀"、"秀"、"幽"、"旷"四个方面。规划定位以山海一体、景城相融、纵览深港为景观特色，以生态保护、科普科研、休闲观光为主要功能的城市型国家级风景名胜区。

　　规划从城市生态安全格局出发，以风景资源保护、生物多样性保护为重点，统筹风景区与城市之间协调发展的关系，突出风景资源特色，扩大风景区范围，优化风景区边界，更好地保护风景区自然资源。构建生态廊道系统，保护野生动、植物生态廊道的连通性。加大特级保护区范围，禁止游人进入，保护自然生态区域。严控建设开发增量，景区内仅设置少量满足基本需求的服务设施。改变现状梧桐山、仙湖、东湖等景区的物理叠加状态，从交通、游览、管理、景观等各方面进行统筹考虑，整合资源，一体化、差异化发展。依托梧桐山自然生态资源条件，以梧桐山为中心，带动周边区域协调发展、产业转型，促进服务配套、文化休闲等产业的发展。强化科普科研功能，完善服务配套，统一管理，健全机构。

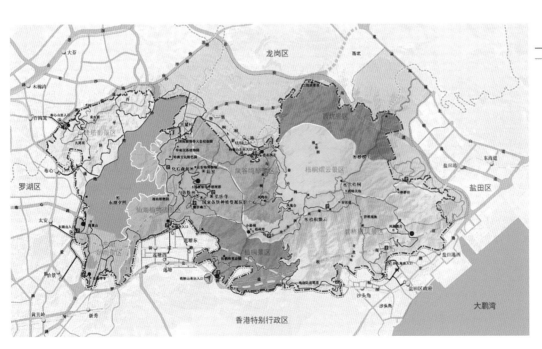

规划点平面图

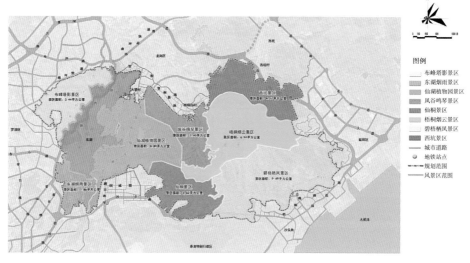

景区规划分区图

风景区鸟瞰图

广西巴马盘阳河长寿养生风景名胜区总体规划

项目规模：234.67km²
设计时间：2012年

巴马瑶族自治县是"世界长寿之乡"，寿文化底蕴深厚，旅游资源独特，随着养生旅游的大热，脆弱的生态环境承受巨大的压力，保护迫在眉睫。为加强保护稀缺资源，引导可持续发展，巴马县政府编制了《广西巴马盘阳河长寿养生风景名胜区总体规划》，为巴马项目的规范化建设和高层次发展提供依据和指导，为巴马项目的升级提供规划支撑。

风景区以盘阳河为轴，西北至凤山，东南至大化县，总规划面积234.67km²，是以独有的长寿文化为核心，以山水风光、岩溶地貌、村寨风情为基底，融合休闲度假、养生康疗、生态农业等多样化功能，具有国家级意义的大型综合性风景名胜区。综合分析巴马盘阳河长寿养生风景名胜区的资源现状及ＳＷＯＴ分析结果，归纳景区所面临的关键性问题，针对这些问题提出合理

利用山水资源、发扬长寿文化，以发展生态旅游为主，强调风景游赏与休闲度假功能并重，融合养生康疗、生态农业、科考探秘等多样化活动的风景旅游胜地，打造县域经济发展新引擎，改善瑶乡人民生活品质。规划依托盘阳河蓝线控制区域，结合河岸两旁的村落分布，以及上下游水源保护区域的生态保育需求，划定规划控制区和核心景区，分析区域内不同用地的生态承载力，分区域提出控制目标，严格控制建设，提出生态修复策略。

风景园林、规划、生态、水土保持、建筑等多专业团队，完成了风景资源调查与评价、专题研究报告、总体规划等系列工作，配合当地政府申报国家级风景名胜区。总体规划中尤其注重长寿村落的保护与旅游开发，协调当地居民的利益。

广西巴马三生广场观音寺

9

风景园林规划 ——

271

吉林省四平市叶赫—山门风景名胜区总体规划

项目规模：186km²
设计时间：2011年
合作单位：吉林省四平市城市规划设计院

叶赫—山门风景名胜区地处吉林省四平市，是叶赫部王城遗址所在地，有叶赫部王城遗址、山门中生代流纹岩火山地质地貌、转山湖、山门水库等众多自然与人文资源，是满族的重要发祥地之一，是清初孝慈高皇后、清末慈禧太后的祖籍地。

规划在分级分类保护现状自然与人文资源的基础上，提出叶赫—山门风景名胜区是叶赫国家历史文化名镇的重要组成部分，是以叶赫满族文化和特殊地质景观为主要特色，满族风土人情和丘陵、森林等自然景观为主要内容，集民俗风情体验、科考探秘、观光游览、休闲度假等主要功能于一体的城郊型风景名胜区。

规划提出"两心、两带、三组团"的风景名胜区保护与发展的格局，以期最终能将叶赫山门风景名胜区打造成中国东北哈大沿线知名的旅游目的地、四平市旅游发展的名片、浓郁满族历史文化特色游览胜地。

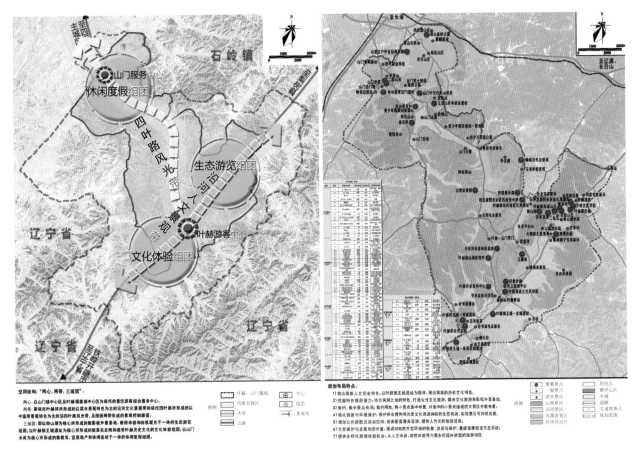

空间结构规划图

规划设计总图

东城

转山湖

满族一条街透视图

满族一条街鸟瞰图

10

城镇总体规划与城市设计

深圳清水河第十一、第十四子单元城市设计

项目规模：159.7hm²
设计时间：2014年8月
合作单位：北京普玛建筑设计咨询有限公司、东南大学
获奖情况：深圳市优秀城乡规划表扬奖

清水河第十一、第十四子单元是实现笋岗—清水河片区功能、交通、景观有机融合的关键子单元，对于加快推动笋岗—清水河片区的高水平建设，实现城市功能与质量的显著提升，深化深圳原特区内外一体化进程，深化深港关系，推动罗湖区先行先试建设国际消费中心有重大意义。规划遵循合理性原则、集约化原则、可操作性原则、统筹规划原则和可持续发展原则，以实现地区功能升级、地区土地价值提升、地区生态环境恢复、改善城市环境和人居环境为目标。

以洪湖公园及布吉河廊道作为绿轴，利用延伸绿指连接周边城市，挖掘城市滨水空间及周边土地价值，通过功能升级转型、门户空间塑造及山水生态缝补三大策略，促进地区功能升级，提升地区土地价值，恢复地区生态环境，改善城市环境品质及人居环境。

生态绿地系统：修复布吉河廊道及洪湖公园生态环境，构建城市生态骨架，利用延伸绿指连接周边城市，使城市建筑空间与自然元素的方向产生联系，强化自然特征，在三维尺度上互相叠加交错融合，打造子单元城市生态绿地系统。

土地空间布局：根据大纲对子单元的功能定位，在保证单元城市更新土地权属不变的基础上，整合业主发展诉求，考虑地块功能转变优化提升的可行性，综合三维开发。利用土地地面、地下及地上空间，提高土地利用效率，加强低效土地空间的释放，通过调整、挖掘、提升三种措施调整优化子单元土地空间布局，提高优化

洪湖公园及周边地区更新鸟瞰图

子单元整体空间环境和片区形象。

优化城市空间及功能，其创新与特色点主要包括以下7个方面：

（1）以多样化绿指梭织弹性土地，描绘诗意"公园城市"

在进行第十四子单元及第十一子单元规划时我们非常重视布吉河及山体生态廊道的修复，满足其区域生态作用；其次使城市建筑空间与自然元素的方向产生联系，强化自然特征，在小空间处理上体现当地特色文化，找寻当地人的场所感及尺度；同时我们认为绿色开放体系与城市建筑空间以及基础设施不应当是二维的格局关系，而是在三维尺度上互相叠加交错融合。因此我们以洪湖公园及布吉河廊道作为绿轴向周围城市发散绿手指，多种方式与城市融合。

（2）海绵城市的实践——洪湖公园

海绵城市指运用因地制宜的水管理策略对城市水环境进行治理，使城市具有应对洪涝灾害的弹性力。洪湖公园正是实现这一目标的关键战略点，未来的洪湖公园

如同一块可以净化水的绿色海绵，下雨时可以将宝贵的雨水资源迅速吸纳、保存，防止城市内涝等城市雨水灾害，同时在干旱时储存的雨水资源能够为城市提供滨水绿色空间，具有涵养地下水、提供生物栖息场所、改善城市微气候循环等多种好处。

（3）城市灰色基础设施（广深铁路）多维空间利用——湖景阳台

由于广深铁路的割裂，现状洪湖公园绿色生态景观与笋岗片区之间缺乏有效的互动，场地可开发建设用地资源极其有限，停车设施缺乏。本次规划在不影响广深铁路运营的前提条件下，对广深铁路进行多维空间开发利用，采用上盖的方式，在第十一子单元中部构建大型公共活动空间——湖景阳台，将洪湖公园的绿色景观和布吉河的水景引入笋岗片区中部。开发利用湖景阳台地下空间，配建一处社会停车场。

（4）因地制宜的城市更新发展策略

在大纲规划的基础上，通过与子单元内业主们的深入探讨以及对现状条件的认真梳理，对不同的地块采取

总体规划

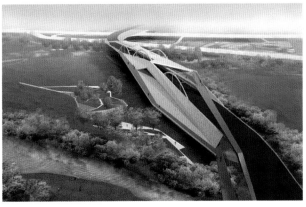

复合功能桥梁设计

融入城市街区的围岭—红岗绿色廊道

相对应的更新方式。

第十四子单元实行拆除重建为主，综合整治和功能改变为辅的城市更新发展策略；第十一子单元实行以城市更新（拆除重建、综合整治）为主，土地储备和新建开发为辅的城市发展策略。

（5）多角度统筹的空间增量分配

以往城市规划在开发增量的分配时考虑因子较为单一，仅从空间因素考虑。本次规划从空间、经济、环境三方面进行分析，选取多种影响因子并采用多种评价方式综合分析，力求科学、客观、公平、合理地对空间增量进行分配。

（6）子单元更新与项目更新的利益协调

本次子单元更新涉及布吉农批地块和金安地块更新项目的利益关系，通过与相关业主的深入探讨，综合统筹整个子单元更新规划，合理协调子单元更新与布吉农批地块和金安地块更新项目的利益关系。

（7）具有可操作性的城市规划策略

规划采取"骨肉相连"的开发实施策略，各项目开发主体在获取空间增量开发价值的同时绑定各自的开发责任，明确各开发建设分期主体宗地上的拆迁量、建设量、公益用地的贡献率及保留建筑的整治更新内容，保证更新建设过程的可操作性。

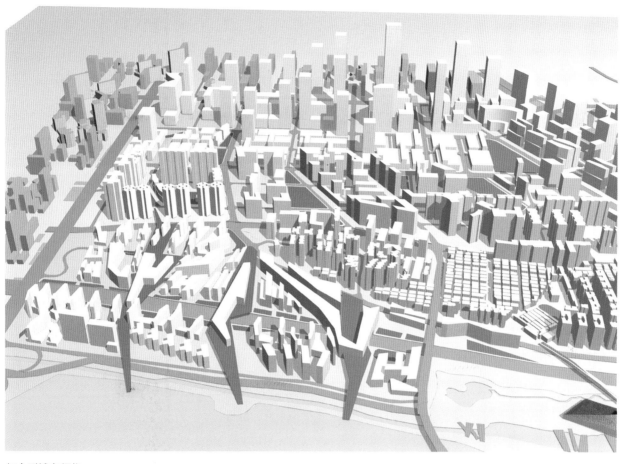

复合型城市绿指

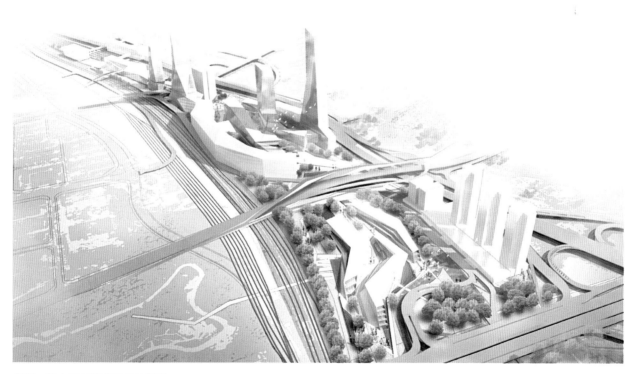

笋岗—清水河14子单元总体鸟瞰

吉林省四平市南北两河四岸生态景观设计

项目规模：22.4km²
设计时间：2010年8月
合作单位：吉林省四平市城市规划设计院

项目位于吉林省四平市，设计范围约22.4km²，项目内容包括对南北两河的水体、滨水岸线及滨水空间（滨水陆域）的规划设计。

四平市围绕"开发东南、拓展西北"布局，跳出目前环城公路，构筑"一体两翼"城市发展战略，形成以哈大高速铁路及高速公路等交通走廊为轴，东西两侧统筹布置城镇建设及旅游开发区。发源于山门水库及下三台水库的南北两条河流东西向串联起"一体两翼"功能布局空间，从而使南北两河及滨水地区在四平未来城市空间发展战略选择中的位置日益突出。

分析河流与城市各要素的关系，将是研究两河四岸城市设计的关键。经梳理，我们确立了河流与城市的五大要素的分析框架，并在此基础上提出了六大规划目标

以及四大发展策略。

1．整合河流与城市的五大要素

区域发展战略与河流关系——分析两河与四平市"一体两翼"城市发展战略的关系，确定两河四岸滨水片区在四平城市空间发展战略中日益突出的地位。

城市形态与河流演变关系——伴随河流与城市融为一体，高铁的建设，南北两河成为四平城市功能重组、环境塑造的重要载体，哈大高铁将成为四平主导产业功能集聚的引擎。

城市土地储备与河流关系——将滨河地区的土地开发情况概括为保留型（已开发）、改造型（再开发）和

开发型（拓展开发）三种类型。

城市空间发展与河流关系——协调对接城市空间发展对两河片区的要求，为两河四岸城市设计提供依据和指引。

城市绿地景观与河流关系——提出契合四平整体风貌要求的河流生态景观发展战略。

2．提出两河四岸地区的六大规划目标

目标一：展现四平城市发展的历史，
目标二：发展滨河服务产业，
目标三：突出亲水城市形象，
目标四：建设城市生态依托，
目标五：改善道路交通系统，

目标六：开发旅游、休闲资源。

3．谋划两河四岸地区的四大发展策略

策略一：完善设施，重整交通，
策略二：整备资源，引导新功能注入，
策略三：拓展公共空间，反转形象，
策略四：引入"触媒"，启动复兴。

随着"河流复兴、城市再生"整体概念的构筑和六大规划目标的提出，南北两河及沿河地区将成为四平城市发展的主脉，城市功能重组的重要载体，以商业金融办公、文化休闲娱乐、现代创意研发、现代商贸物流、生态居住及生境培育为主导功能，具有活力的复合型滨水开发地区。

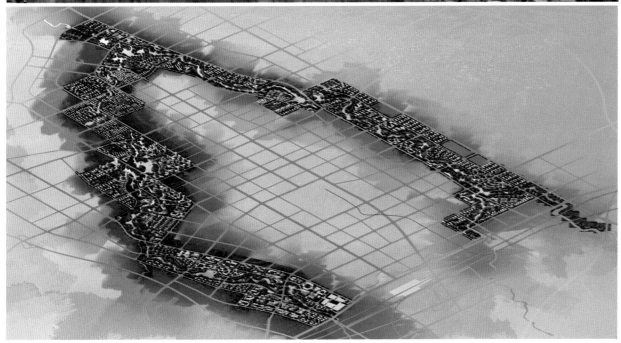

河北沧州麦嘉小镇总体规划

项目规模：306.13hm²
设计时间：2014年3月

规划用地位于渤海新区中捷产业园区东部，东起中捷盐场，西至十五队，南临北疏港路，北接光伏产业园，涵盖原盐场小郭庄、大丰庄、老盘庄、小司庄等村庄与生活配套用地，面积约306.13hm²。

新城以"渤海明珠，华北水城"为整体城市形象，作为渤海新区核心起步区，新城的崛起与发展带动区域整体环境升级，新城将发展为新型轻型的先进制造基地，产学研一体的教育科研基地，商业、金融、服务基地，休闲居住基地和现代农业示范基地。新城发展带动周边产业配套的发展，但目前服务业的缺口仍显示出对周边产业支持发展不足的态势。

以绿色生态为倡导，充分考虑场地的功能定位与资源优势，形成"绿色居住、绿色办公、绿色休闲"三大核心项目板块以及九大功能组团，将小镇定位为"安居乐土、服务基地、绿色田园、颐养胜地、度假天堂"，打造"宜居、宜业、宜游"的生态海滨小镇。

项目策划包括绿色居住、绿色办公、绿色休闲三大项目板块，囊括民俗风情社区（回民社区、欧洲风情村）、低碳社区（生态高端住宅、低碳社区、养生公寓、银发公寓）、生态商务办公（低碳办公楼）、休闲商业（滨水商业休闲广场）、拓展培训（培训拓展基地）、会议交流（商务度假酒店、企业会所）、田园休闲（空中农业、观光农业旅游园、生态农业示范园、绿色食品生产园、农业科普教育园、田园度假村、农业大地艺术）、养生休闲（温泉养生馆、健康体检中心、生态养生度假村、中医SPA美容会馆、食疗养生餐厅、垂钓基地）、文化休闲（清真寺、回民街、穆斯林文化园、"死海"漂浮池、盐疗护理中心、水上漂浮娱乐园、盐博物馆、盐结晶小建筑、盐场大地艺术）九大功能组团。

规划提出"创造能量自我生产的小镇"理念，倡导通过环境的改善创造绿色的GDP生产，力图通过绿色技术营造盐碱滩地上的"生态绿洲"。规划集中体现在小镇绿色基础设施全覆盖的理念，通过可实施的手段实现基于步行尺度的滨水开放空间、慢行交通、雨洪管理、生物栖息地营造、立体绿色空间等规划设计，综合利用小镇的绿色能源如风能、光能与地热，降低城镇能耗，体现盐场海滨小镇作为新型乡村社区的领先性与示范性。

规划分区

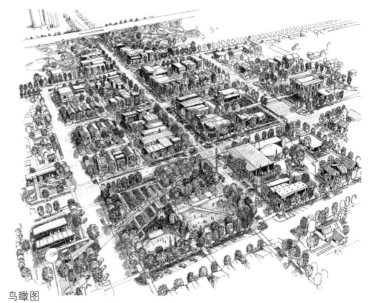

鸟瞰图

珠海市斗门区莲洲镇光明村幸福村居建设规划

项目规模：151.53hm²
设计时间：2013年11月
获奖情况：中国风景园林学会优秀风景园林规划设计三等奖、深圳市优秀城乡规划设计奖二等奖

珠海市斗门区莲洲镇光明村位于珠海西北角，斗门区莲洲镇中部，是江门、中山、珠海三市交会地带。2012年广东省第十一次党代会报告明确提出要"广泛开展幸福村居创建活动，努力建设美好宜居城乡"。珠海市把"创建幸福村居、建设宜居城乡"工作作为一项重大战略部署。

光明村是斗门区特色沙田村落之一，本次规划紧紧围绕光明村"建设生态村居示范点的综合发展区"的发展定位，通过制定具体的行动计划和项目库，力求在较短的时间内能有效指导解决创建示范村中存在的主要问题，最终将光明村打造成村民及外来工宜居宜业的幸福村庄。

规划以S272省道与光明涌河道为重要的发展轴，布局"三带多核"的景观系统。充分利用省道沿线的经济发展优势与光明涌河道的环境优势，合理布置公园与景观绿地，满足村民对景观环境的需要，并合理规划景观带，将龟山、仙人骑鹤山、光明涌、北部农田景观区等现有节点与新建景观节点串联成一个整体。三带分别是：以S270为中心轴线整治环境形成的林荫大道休闲景观带；以光明涌河道为中心沿湿地向周边渗入的滨水休闲绿地景观带；串联起龟山村、粉洲基、省道、北部农业区的文化旅游发展轴线形成的步行商业景观带。多核心：充分保护并合理开发利用包括仙人骑鹤山、龟山、南部农田风光发展区、北部农田风光发展区等现状景观环境良好的节点形成的多个景观核心；规划新建光明湖湿地公园、中心公园、农贸滨湖绿地等景观核心。多核心高密度的景观节点分布，不但构建了安全的蓝绿生态格局，还能满足不同的游览需要，促进相关产业，提高村民生活质量。

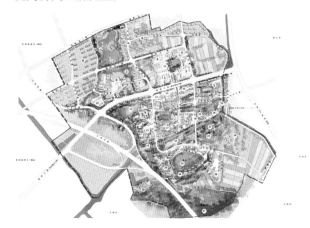

珠海斗门光明村

鸟瞰效果图

东莞市中堂镇三涌特色村落规划设计

项目规模：397.53hm²
设计时间：2014年5月

东莞三涌村位于东莞中堂镇中部，有九百多年历史，三涌村前三条河涌交汇，具有明显的岭南水乡村落风貌特色，是"东莞水乡区域"格局保护最好的传统村落之一，"小桥、流水、幽居、窄巷"水乡的景观风貌仍清晰可见。时至今日三涌村和其他传统村落一样，不得不面对环境被污染、土地被蚕食、风貌被破坏、村庄发展亟待转型的困境。

以"水乡风情，田园三涌"为规划理念，实现"岭南水乡村落风情"、"产业结构调整升级"、"生态修复与设施完善"等三个示范。通过"景观风貌"、"环境品质提升"，带动完善村落的基础设施与公用配套，促进村落活化，渐进式推进村庄发展；通过农田与村庄环境改善，带来高品质农业以及新兴农业发展的可能，推动三涌村成为农户本地合作与外来资本注入作用的对

象；在满足自身生活需求之外，释放悠闲的现代农耕田园水乡生活，为特色乡村经济发展多元化创造条件；构建符合三涌村社会特点、人心所向的新社区文化氛围，恢复"农耕文化"的空间载体以及"水乡田园"的乡村生活场景，推动发展与现代文明生活相适应的生活方式，建设新水乡文明。

三涌村产业发展主要由第一、第二产业构成，第三产业尚未真正起步。其中农业土地投入产出比不高，工业低水平重复建设，同质化竞争严重。规划为三涌村这个岭南水乡传统村落选择适合其自身发展的"活化"之路。此外，编制总体规划时启动重点区域详细规划，更直观地从功能分区、景观形态、空间尺度等方面控制重要场所视觉效果，例如村口、祠堂、榕树下等开放空间。

风水林—可修复范围

总平面

三涌入口

南京江宁美丽乡村示范区规划

项目规模：430km²
设计时间：2013年
合作单位：深圳市蕾奥城市规划设计咨询有限公司
项目获奖：广东省优秀城乡规划设计奖表扬、深圳市优秀城乡规划设计奖一等奖

南京美丽乡村江宁示范区立足于建设"中国大都市近郊地区美丽乡村示范区"的总体目标，作为江宁探索大都市近郊区城乡统筹发展的有效抓手，通过促进乡村旅游发展和农民收入增加等努力，切实解决三农问题，为全区的美丽乡村建设进行积极探索。

规划确定了"一廊、两线、两区、多主题"的空间结构，保护牛首—云台生态廊道，建设旅游大道西线、东线，打造分类型多主题发展组团。夯实葆山理水，夯实美丽乡村生态本底，确定礼佛牛首，寻梦江宁，打造南京都市圈外围旅游热点的乡村旅游发展策略，落实现代农业振兴策略，以点带面，考核推进，构建合理的大都市近郊聚落体系，显山露水，乡土风韵，避免城市化的景观侵蚀美丽乡村，制定切实可行的行动规划。

一是突出规划引领。以相关规划为引领，以国土资源部转变土地利用方式创新试点为契机，进一步优化完善新型城乡聚落体系；充分考量资源禀赋、产业现状、村庄布局、历史文化等因素，科学制定美丽乡村建设规划，明确美丽乡村建设蓝图和目标，优化建设路径和方法。二是突出标准制定。制定《美丽乡村考核评价体系》，强化指标体系的针对性、适用性和可操作性，切实以美丽乡村建设推动农业农村各项事业全面发展。三是突出因地制宜。在美丽乡村创建活动中区别现代农业和生态旅游不同的主导业态，分别提出不同的创建要求，选择不同的创建目标，体现美丽乡村建设的不同个性和特色。四是突出机制创新。按照相关部署，进一步加强组织领导和宣传，制定详细的工作推进计划，分解落实工作目标和责任，形成政府主导、部门协同、社区主体、社会各界和农民群众广泛参与的工作推进机制和整体合力。

效果图展示—梁家互通

效果图展示—联二线至苏家

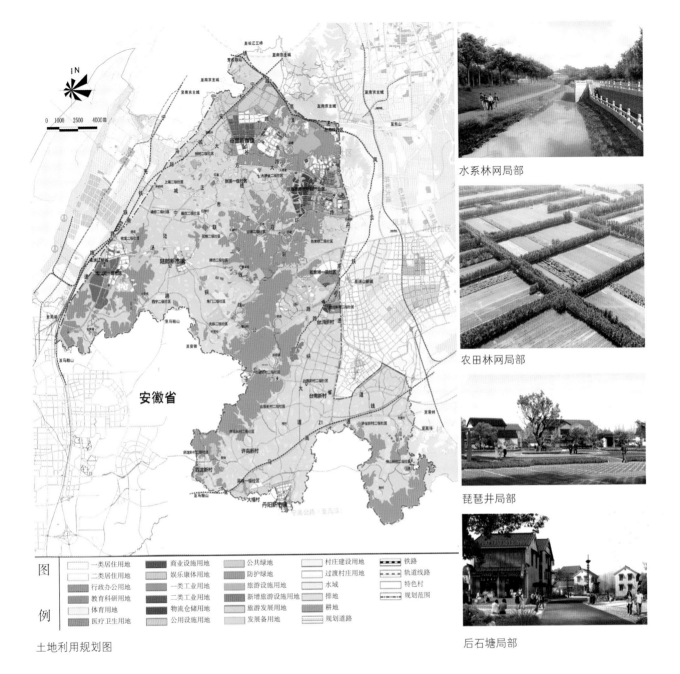

图
例

一类居住用地	商业设施用地	公共绿地	村庄建设用地		铁路
二类居住用地	娱乐康体用地	防护绿地	过渡村庄用地		轨道线路
行政办公用地	一类工业用地	旅游设施用地	水域		特色村
教育科研用地	二类工业用地	新增旅游设施用地	排地		规划范围
体育用地	物流仓储用地	旅游发展用地	耕地		
医疗卫生用地	公用设施用地	发展备用地	规划道路		

土地利用规划图

水系林网局部

农田林网局部

琵琶井局部

后石塘局部

大塘金局部

II

生态保护与规划

深圳市关键生态节点生态恢复规划

项目规模：5784.30hm²
设计时间：2010年
合作单位：
获奖情况：全国优秀城乡规划设计三等奖、广东省优秀城乡规划设计二等奖

本规划是深圳市作为全国"先锋城市"对城市的飞速发展和持续建设的一种规划反思，也是规划领域基于环境伦理的一种探索。

规划以深圳市特有的山-海-田-城的格局为参照，以生态功能区和基本生态控制线为基础，以深圳市"四带六廊"自然生态网络为纲，选取了20个生态恢复的关键节点（总面积5784.30hm²，其中建设用地的面积1833.45hm²，占总面积比例31.69%）。对20个关键节点进行分级分类评价，确定了20个关键节点的总体定位和恢复目标，并提出廊道控制范围、重点保育区、重点修复区和建设控制区的节点生态保护培育与分区控制

规划，从水土流失治理、有害生物防控、环境污染防控、土壤修复、植被恢复、生物通道和生态化建设入手，制定了20个关键节点的控制规划和生态恢复技术指引。增强深圳城市生态系统的稳定性、恢复能力和生物多样性。最终，连通大型自然斑块和重要生态廊道，构建深圳市"四带六廊"生态安全网络格局，构建城市绿色基础设施，践行低碳生态城市建设，建设美好人居环境，加大自然生态系统和环境保护力度，贯彻落实生态文明建设。

规划依据关键生态节点现状，运用以生态恢复为基础，城市生活景观需求为导向，生态教育为契机的保护

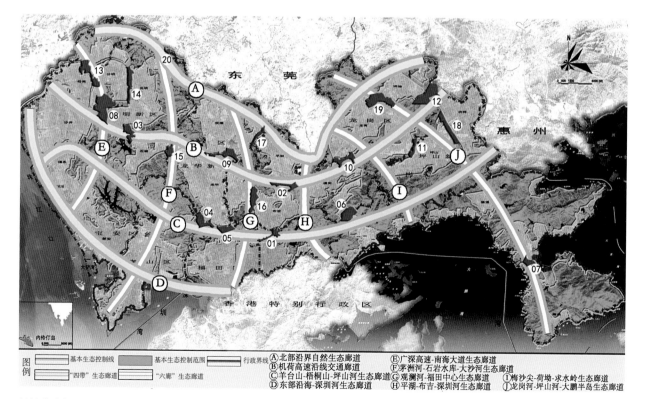

关键节点与深圳"四带六廊"生态安全格局的关系示意图

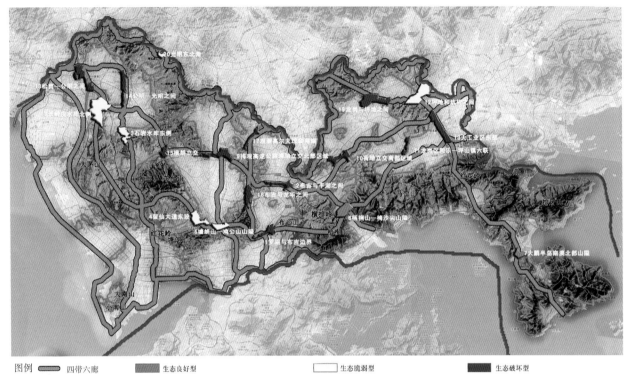

图例
四带六廊 基本生态控制线 山系 深圳市界 深圳水系

| | 生态良好型 | 生态脆弱型 | 生态破坏型 |

生态良好型：大型生物栖息地之间至关重要的物种交流通道，节点周边及内部生态环境较好，具有大规模内部生境，能支持必要的景观生态过程和格局；充分利用大自然力量，保育现有节点生境，重点针对生态廊道，人工修复和营造内部小生境，确保生态廊道的贯通。

生态脆弱型：大型生物栖息地和生态保护用地之间的重要廊道，节点周边生态环境较好，内部生境遭到一定破坏，生态廊道连通性较弱；重点确保节点生态廊道的连通和可利用宽度，对破碎化生境进行内部生态修复，逐步恢复生境功能。

生态破坏型：重要城市生态斑块之间的廊道，节点内部生态环境恶劣，已经造成了不可逆的生态破坏，节点难以恢复生态廊道功能；需要积极地对节点整体进行生态化改造，进行大规模的环境治理。

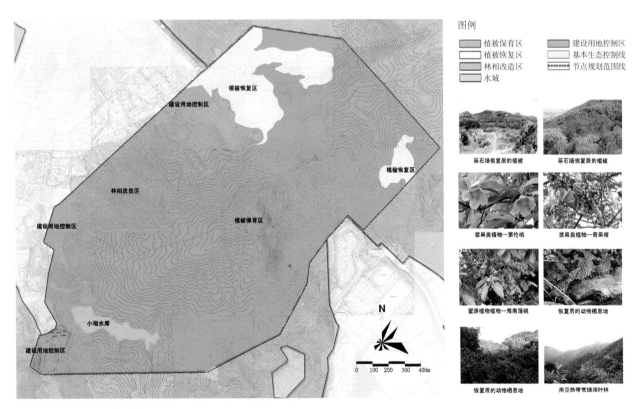

图例
植被保育区 建设用地控制区
植被恢复区 基本生态控制线
林相改造区 节点规划范围线
水域

采石场恢复后的植被 采石场恢复后的植被
浆果类植物—第伦桃 浆果类植物—青果榕
蜜源植物植物—海南蒲桃 恢复后的动物栖息地
恢复后的动物栖息地 南亚热带常绿阔叶林

6号关键节点植被恢复规划图

与机遇并重的规划策略，对20个关键节点进行分级分类，并提出廊道控制范围、重点保育区、重点修复区和建设控制区的节点生态保护培育与分区控制规划，从水土流失治理、有害生物防控、环境污染防控、土壤修复、植被恢复、生物通道和生态化建设入手，制定了20个关键节点的控制规划和生态恢复技术指引。规划根据生态节点的生态重要性、紧迫性和实施时效性提出分期建设方案，形成部门合作的工作框架，并提出了生态恢复管理保障措施等。

《深圳市关键节点生态恢复规划项目》是我国首个生态恢复规划类项目，其创造性地解决了生态恢复过程中的诸多挑战性的技术难题，制定了科学、完整的生态恢复系统，开创了我国重大生态修复规划先河，为我国生态文明建设提供宝贵的经验借鉴。其主要创新成果有：

（1）生态系统退化诊断与评估系统；（2）生态安全指标体系；（3）生态恢复的技术支撑体系；（4）生态恢复管理保障体系。

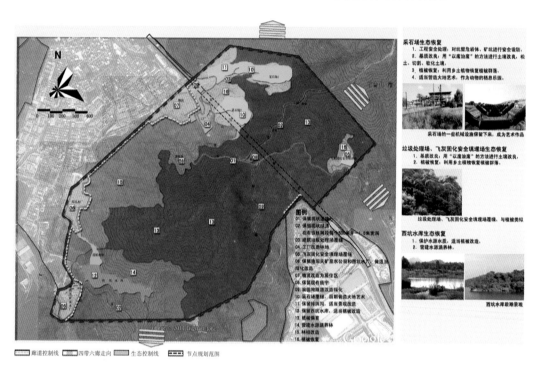

6号关键节点景观提升与生态化改造指引规划图

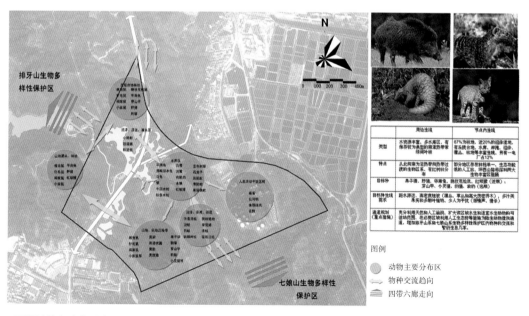

7号关键节点动物分布及通道规划图

深圳市大鹏新区生态及生物资源保护与发展规划

项目规模：294.18km²、海岸线长133.22km
设计时间：2013年
项目获奖：深圳市优秀城乡规划设计三等奖

大鹏新区总面积607km²，其中陆域面积302km²，海岸线长133.22km，森林覆盖率76%，陆域面积占深圳市的1/6，海岸线占全市1/2，森林覆盖率是全市平均的两倍多，古树名木众多，作为深圳仅存的一块环境破坏较少的"生态处女地"，陆地与海岸生态资源异常丰富，有明显的生态优势。

基于大鹏新区生态和生物资源的重要性、稀缺性、独特性，为保障大鹏新区生态和生物资源的可持续发展，正处于快速发展期的大鹏新区亟须制定可以作为依据的生态保护与发展体系，增强生态特区的管理，因此在深圳大鹏新区管委会及各方专家与民间组织的保护呼声下开展了"深圳市大鹏新区生态和生物资源保护发展规划"工作。

1. 生态区划先行

综合考虑高程、坡度、地貌、坡向水文、海岸、生境、灾害等因素，通过GIS叠加分析，得到生态分区。

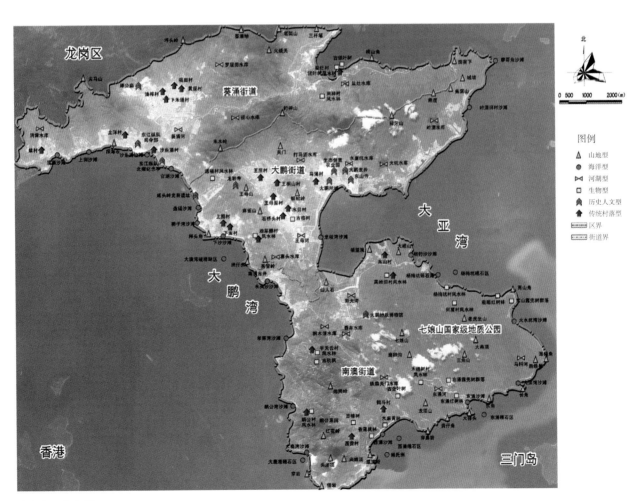

生态资源分布图

分为极敏感区、敏感区、弱敏感区和不敏感区，分别对这四个区域制定相应的分区建设指引，形成一个大的生态框架，对后期发展规划提供科学参考。

2．保护规划全覆盖

在规划手段的创新方面我们以生态因素相关的保护全覆盖为目标，做出两大规划体系，即生态资源保护规划与生物资源保护规划，规划覆盖了地质地貌保护规划、海岸带环境保护规划、陆地水资源保护修复规划、历史人文生态资源保护规划、生物资源保护规划、特色群落保护规划、重要生物保护规划、生物防灾保护修复规划等。

3．生态产业发展规划研究

以景观营造和生态恢复为主导，联系大鹏新区的山林生态和海洋生态系统，对项目周边及现状从植物动物、度假休闲、与海岸景观等方面展开实地调研工作，并且制定出适合当地发展的产业结构，发展森林经营和生态旅游。规划森林经营项目和策划旅游项目，创造出连续而系统的自然生态与游憩运动相结合的网络生态产业体系。

在生态和生物资源的摸查、资源评价、现状问题和案例借鉴的基础上，从生态保护、生态管理、生态开发和生态旅游等角度提出大鹏新区生态和生物资源保护发展策略。

（1）规划及管理策略：尽快开展大鹏新区生态及生物资源保护及发展规划；划定珍稀资源保护小区，制定分级保护规划；探索生态型城市开发管理模式。

（2）生态资源保护与发展方面，分别从地质环境保护、水资源保护、海岸资源保护以及生态恢复方面提出了针对性的要求。

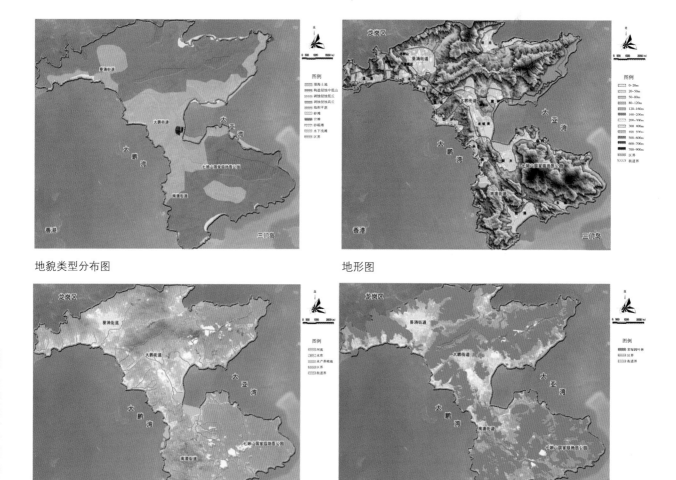

地貌类型分布图

地形图

水文系统分布图

阔叶林分布图

（3）生物资源保护与发展策略：建立自然资源数据库；乡土树种林构建、可持续景观营造及游憩利用策略；珍稀濒危植物重点保护；动物资源的可再生利用；科学构建生态廊道。

（4）特色生态资源恢复与重构策略：注重保护村落整体风貌；保护并适地构建风水林，延续生态文化特色景观；针对旧村特色，分类保护性开发；重点挖掘传统村落的生态文化旅游价值；

（5）生态旅游发展策略：制定生态旅游规划，明确分区分级开发策略；研究游客容量，并进行持续的环境影响监测评估；构建大鹏新区特色生态旅游体系；强化生态旅游参与者的环境伦理意识。

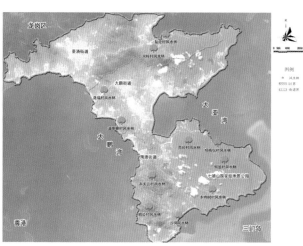

风水林分布图

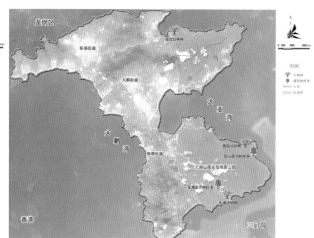

红树林分布图

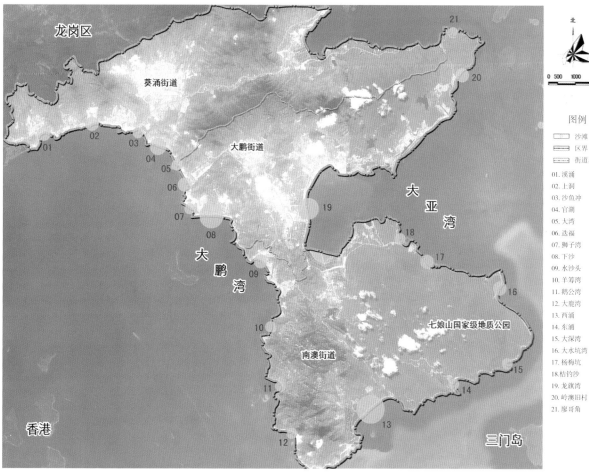

沙滩位置分布图

12

/

竞赛

广州文化设施"四大馆"设计国际竞赛

项目规模：总用地面积约34.45hm²，总建筑面积30000m²
设计时间：2013年10–12月
合作单位：广东省建筑设计研究院、北京普玛建筑设计咨询有限公司

鸟瞰图

　曲艺园

深圳·园林设计廿年（实践篇）——

曲艺园

广府风情园

潮汕园

广绣风雅园入口区鸟瞰图

鸟瞰图

曲水观景园鸟瞰图

曲水园景观-白天

深圳前海—未来城市矛盾性与复杂性研究

项目规模：14.9km²
设计时间：2011年5月

深圳安托山博物公园方案设计国际招标

项目规模：57.5hm²
设计时间：2013年10月–2014年1月
合作单位：深圳市建筑设计研究总院有限公司、美国Lee+Mundwiler Architects Inc.

深圳前海滨海休闲带与水廊道概念国际竞赛

项目规模：研究范围4km²，核心区设计范围207.6hm²
设计时间：2012年8-9月
合作单位：美国SWA集团、深圳市水务规划设计院

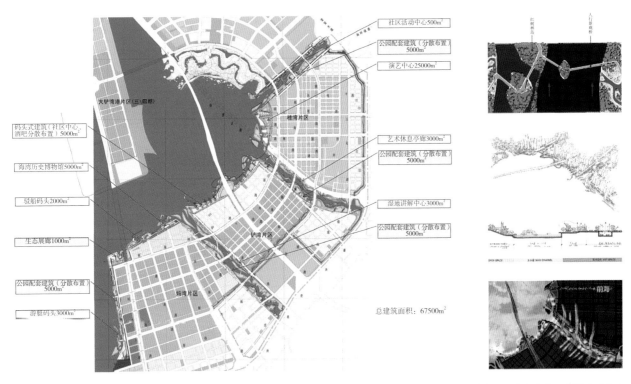

深圳湾"超级城市"国际竞赛

项目规模：规划用地面积约35.2hm²，建筑面积150~170hm²
设计时间：2014年2~5月
合作单位：美国 Lee+Mundwiler Architects Inc

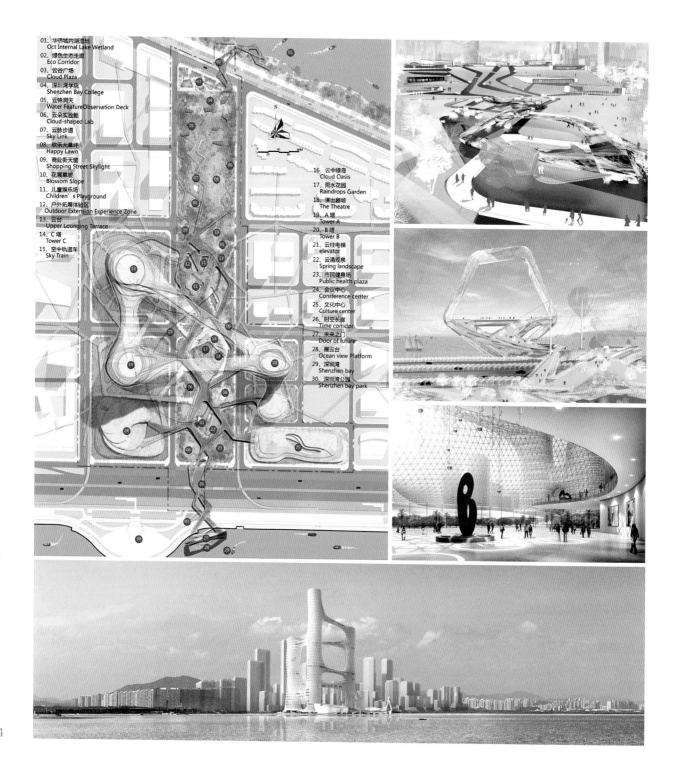

01、华侨城内湖湿地 Oct Internal Lake Wetland
02、绿色生态走廊 Eco Corridor
03、云谷广场 Cloud Plaza
04、深圳湾学院 Shenzhen Bay College
05、云锦润天 Water FeatureObservation Deck
06、云朵实验舱 Cloud-shaped Lab
07、云脉步道 Sky Link
08、欢乐大草坪 Happy Lawn
09、商业街天窗 Shopping Street Skylight
10、花漫翠坡 Blossom Slope
11、儿童娱乐场 Children's Playground
12、户外拓展体验区 Outdoor Extension Experience Zone
13、云台 Upper Lounging Terrace
14、C塔 Tower C
15、空中轨道车 Sky Train

16、云中绿岛 Cloud Oasis
17、雨水花园 Raindrops Garden
18、演出剧场 The Theatre
19、A塔 Tower A
20、B塔 Tower B
21、云柱电梯 elevator
22、云涌观泉 Spring landscape
23、市民健身场 Public health plaza
24、会议中心 Conrference center
25、文化中心 Culture center
26、时空长廊 Time corridor
27、未来之门 Door of future
28、展云台 Ocean view Platform
29、深圳湾 Shenzhen bay
30、深圳湾公园 Shenzhen bay park

陕西西安白鹿原城市公园规划设计竞赛

项目规模：83km²
设计时间：2013年1月

佛山市城市中轴线北门户段绿化景观方案国际竞赛

项目规模：1.3km^2
设计时间：2014年8月
合作单位：德国betcke jarosch landschaftsarchitektur gmbh

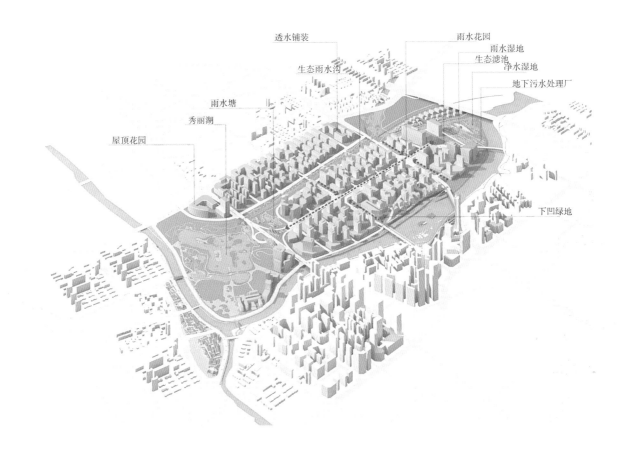

屋顶花园　秀丽湖　雨水塘　生态雨水沟　透水铺装　雨水花园　雨水湿地　生态滤池　净水湿地　地下污水处理厂　下凹绿地

历年重要代表项目

活动掠影

1995年前

1996~2004年

2010年

中国风景园林传承与创新之路暨孟兆祯院士学术思想论坛合影
2014.6.7

跋

"10+20"年风雨砥砺，"10+20"年艰辛创业。从毕业留校之初来深参与规划设计建设和带领学生做毕业设计，到后来的创办设计院，我和团队的成长发展，离不开从中央到地方如住建部和深圳市政府各级部门的领导关怀，以及各方前辈和友人的大力支持和帮助，所有的关心信任和有力支援一直深深铭记在心中。在"10+20"院庆回顾过往代表项目之际，回忆点滴，向他们表示衷心的感谢！

20世纪80年代我留校任教不久，受学校委派来深，在深圳仙湖植物园筹建办常驻设计一年，在以孟兆祯先生为设计主持人的多位老师的指导下进行设计施工实践。期间因园区和弘法寺建设问题，我亲自拜访了来深访问的时任国家城建总局园林绿化局副局长的牟锋同志，对推动仙湖顺利建设起到了积极作用。抽空我还先后参与了深圳市老干部活动中心"红云圃"、东湖公园规划设计的编制工作并现场指导施工建设。期间得到了时任深圳园林集团董事长兼总经理刘更申、科长冯良才等大力支持和帮助。

1993年初，带着学校和院系的支持，我来深创建设计院，最初费用紧张、举目无援，相当长一段时间内一筹莫展，没有推进。在市建设局有关领导的理解和支持下，经过不懈努力终于一年后拿到许可，1994年北京林业大学园林规划建筑设计院深圳分院正式成立。

仙湖植物园经过多年的建设，景色优美，社会和业界影响力不断提高。美国密苏里植物园主任、前美国总统科学顾问Peter Raven博士来到深圳市仙湖植物园考察，情不自禁赞叹："这里能和包括丘园在内的世界上任何一座植物园媲美。"1999年，时任深圳市委书记张高丽提出将仙湖植物园建设成为世界著名植物园，进一步完善园区建设，我和设计院团队继续完善深化早期规划内容，全心投入建设具有优美的景致和丰富的活植物收集的风景植物园。世界名园目标的提出，掀起仙湖植物园另一个建设高潮。在建园30多年的今天，仙湖植物园作为中国第一个以风景和观赏特性植物布局的、全国面积最大的植物园，也是植物收集最多的植物园，被全国同业公认为社会、环境和经济效益最好的植物园，并代表深圳、代表中国首次成功申办了被誉为国际植物学"奥林匹克"盛会的2017年国际植物学大会，建设世界名园的任务初战告捷。

世纪交汇之际，我带领团队正式接受大梅沙海滨公园和市中心公园规划设计等任务，其中大梅沙海滨公园项目，在多名设计骨干的共同努力下，从当年元旦接到任务，年初一开工建设，"五一"期间顺利开园，开创了园林建设的"深圳速度"。之后，团队在住建部、广东省和深圳市有关部门以及学校的支持下，实现改制并属地化。多年来，设计院充分发挥教育科研为社会服务的作用和高校专业人才的优势，在全国各地承担了大量的城市风景园林规划设计工作，先后高水平、高质量地完成了各种风景园林、城市规划、水土保持、生态、建筑、旅游等2000多项项目，其中获奖200多项，有50多项曾接受包括改革开放后四位领导人邓小平、江泽民、胡锦涛、习近平等在内的党和国家领导人的视察。

关注风景园林创作同时，我积极关心行业的发展，2005年创办了全国唯一与风景园林一级学科同名的国家级学术刊物《风景园林》，并担任首任社长，今天已实现单月刊国际发行，相继提出弹性城市等学科前沿专题，探索学科创新。

设计院在发展中保持着专业而前沿的国际触角，以原创性设计追求，充实"设计之都"的特色，创新完善风景园林各地方体系，成立了中国风景园林研究所。从2007年到2011年深圳第26届世界大学生夏季运动会召开前的四年多时间里，团队先后参与20多个迎大运系列景观规划设计项目，成为大运规划设计的主力军。自2009年初，我和设计院作为珠三角绿道的倡导者之一，在广东省住建厅的支持领导下，率先投入中国特色绿道建设。全院总计一百多人次、长达八年全程参与广东绿道规划建设，从前期研究论证、规划、设计一直到工地现场指导，先后主持独立或合作完成多项区域级绿道（网）研究和规划，重点参与了深圳、广州、东莞、惠州、珠海、佛山等地的城市级绿道规划设计工作，获多项国际、国家级和地方级奖项，并在全国首创成立院级绿道研究室，成功承办了两届广东绿道讲坛。另外，在广东省住建厅领导积极支持下，我们团队先后完成了汶川援建、援藏建设等任务。

2014年我们在院庆纪念之际，在中国风景园林学会的大力支持下，与北京林业大学园林学院联合成功举办了中国风景园林传承与创新之路暨孟兆祯院士学术思想论坛，认真探索中国风景园林传承和发展的理论和实践，尤其是在孟先生长期设计实践地深圳特区，边参观作品边研究总结，意义深远，收获巨大。

在发展与成长过程中，我和团队还和以美国SWA的比尔·卡拉维和凯文·杉立、美国LMA的卡罗拉·李、英国普马的伊娃·卡斯特罗、德国贝特克—贾罗施景观的延斯·贝特克、深圳建筑总院的孟建民（现为中国工程院院士）、华艺设计的盛烨、东大设计的满志、中规院深圳分院的刘家麒、朱荣远等为代表的中外优秀设计机构和大师们保持非常良好合作。

回顾过去、展望未来，再一次感谢广东、深圳各级领导、专家和广大规划设计师。感恩孙筱祥、孟兆祯等一代宗师，他们的大师风范和专业指引，让我及团队和深圳在波澜壮阔的中国风景园林事业中勇敢前行；感恩改革开放中的深圳建设，"试验田"给了规划设计人才以广阔天空；感恩这个时代，给设计人以无上的包容和无限的空间。

最后，还想在此特别感谢一起共事的同事们。从零开始，一路走来，感谢可爱的他们风雨同行，并肩作战：多少日夜我们智慧碰撞，思想交融，埋首画图，汗洒现场。彼情彼景，殊难忘怀，时至今日，还历历在目。

风雨"10+20"年，不忘初心，继续前行！

致谢

　　"10+20"年的风景园林规划设计工作，得到了国务院及地方各级政府主管部门、社会各界领导、专家和朋友的大力支持和帮助，在此深表谢意。

特别鸣谢：

中华人民共和国住房和城乡建设部城市建设司、城乡规划司

中华人民共和国水利部水土保持司

广东省委、省人民政府

广东省住房和城乡建设厅、水利厅、林业厅

中国勘察设计协会、广东省勘察设计协会、深圳市勘察设计协会

中国风景园林学会、广东园林学（协）会、深圳风景园林学（协）会

深圳市、广州市、珠海市、佛山市、惠州市、东莞市、中山市、江门市、肇庆市人民政府

深圳市福田区人民政府、罗湖区人民政府、南山区人民政府、盐田区人民政府、宝安区人民政府、龙岗区人民政府、光明新区人民政府、坪山新区人民政府、龙华新区人民政府、大鹏新区人民政府

深圳市规划和国土资源委员会、人居环境委员会、城市管理局、水务局、住房和建设局、建筑工务署、前海深港现代服务业合作区管理局

深圳出入境检验检疫局

深圳市公园管理中心

深圳市农业和渔业局

深圳市绿化管理处

深圳市机关事务管理局

深圳市土地投资开发中心

深圳市绿化委员会办公室

深圳市福田区城市管理局、罗湖区城市管理局、南山区城市管理局、盐田区城市管理局、龙华新区城市管理局、坪山新区城市管理局、光明新区城市管理局

深圳市规划和国土资源委员会光明管理局、滨海分局、龙岗分局

深圳市盐田区建筑工程事务局

深圳市盐田区政府投资项目前期工作办公室

深圳市光明新区城市建设局

深圳市罗湖区重建局

深圳市宝安区环境保护局

深圳市龙岗区园林绿化管理所

深圳市龙岗区建筑工务局

深圳市龙华新区建设管理服务中心

深圳市大鹏新区建设管理服务中心

深圳市大鹏新区生态保护和城市建设管理局

深圳市福田区生态建设办公室

深圳市福田区城中村（旧村）改造办公室

深圳市福田区建筑工务局

深圳市坪山新区发展和财政局

深圳市大工业区管理委员会

深圳市深港西部通道工程建设办公室

深圳市宝安区中心区规划建设管理办公室

深圳市宝安区西乡街道办事处

深圳市宝安区石岩街道办事处

深圳市宝安区松岗街道办事处

深圳市宝安区宝山园管理处

深圳市南山区南头街道办事处

深圳国际园林花卉博览园管理处

深圳市莲花山公园管理处

深圳市仙湖植物园管理处

深圳市梧桐山风景区管理处

深圳市东湖公园管理处

深圳大鹏半岛国家地质公园管理处

深圳市体育新城土地整备安置领导小组办公室

深圳市江苏商会

北林大粤港澳校友会、深港澳校友会

广州市城市规划局番禺区分局

广州经济技术开发区管理委员会城市规划信息编研中心

广州科学城北区知识城建设指挥部办公室

广州市文化广电新闻出版局

珠海市市政园林和林业局

珠海市住房和城乡规划建设局

珠海高新技术产业开发区建设局

珠海市三灶镇市政管理服务中心

珠海万山海洋开发试验区管理委员会

惠州环大亚湾新区管理委员会

惠州大亚湾经济技术开发区住房和规划建设局

惠州大亚湾经济技术开发区公用事业管理局

惠州市林业局

惠州市水务投资集团有限公司

惠州市园林管理局

惠州市住房和城乡规划建设局

佛山市国土资源和城乡规划局

佛山市东平新城建设管理委员会

佛山市南海区规划建设局

佛山市南海区市政管理局

佛山市南海区水利建设管理中心

佛山市南海区桂城街道办事处

佛山市南海区桂城街道水利工程建设指挥部

佛山市南海区里水镇国土城建和水务局

佛山市南海区狮山镇国土城建和水务局

佛山市顺德区乐从镇城市建设和水利局

东莞生态园管理委员会

东莞市城乡规划局

东莞松山湖高新技术产业开发区管理委员会

东莞市南城区规划管理所

中山市规划局

中山市园林管理处

澳门特别行政区政府环境保护局

北京市公园管理中心

北京市园林绿化局

上海市绿化和市容管理局

河北省林业局

石家庄市园林局

郑州市园林局

沧州渤海新区中捷产业园区管理处

沧州渤海新区中捷产业园区建设局

中捷海滨经济区行政审批中心

吉林省建设厅长白山管委会

吉林市长白山开发建设集团有限责任公司

吉林市规划局

吉林松花湖风景名胜区管理委员会

吉林市朱雀山公园管理有限公司

抚顺市城市管理局

四平市铁东区人民政府

四平市住房和城乡建设局

松原市规划局

太原市城乡规划局

济南市规划局、园林管理局

日照市住房和城乡规划建设委员会

日照市山海天旅游度假区建设局

日照市海洋与渔业局

白鹿原现代农业示范区管委会

湖南省韶山管理局

湘潭市园林管理局

合肥市规划局

合肥政务文化新区建设指挥部办公室

南宁市规划管理局

北海市园林管理局

北海市规划局

北海市城市管理局

泉州市城乡规划局

泉州市园林管理局

泉州市市政公用事业管理局

厦门市海沧区建设局

石狮市住房和城乡规划建设局

三亚市规划局

三亚市园林环卫管理局

海口市规划局

海口市园林管理局

贵阳市城乡规划局花溪分局

贵阳市花溪区建设局

黄果树风景名胜区管委会

攀枝花市住房和城乡规划建设局

绵阳市城乡规划局

南昌市园林绿化局

平顶山市新城区管理委员会

南京市江宁区规划局

扬州市园林管理局

陕西省文物局、秦陵博物院

陕西省西安植物园

北京林业大学

北京建筑大学

中国计量学院

南京仙林大学城管理委员会

华南农业大学

中山大学

华南理工大学

深圳华大基因研究院

深圳市前海开发投资控股有限公司

深圳市前海金融控股有限公司

深圳市机场（集团）有限公司

深圳市野生动物园有限公司

万科集团、深圳市万科房地产有限公司

深业集团

佳兆业集团控股有限公司

恒大集团

鸿荣源集团

深圳市中航城置业发展有限公司

深圳招商房地产有限公司

深圳招商局蛇口工业区有限公司

深圳华侨城控股股份有限公司

深圳华侨城房地产开发公司

深圳华侨城都市娱乐投资公司

深圳华侨城欢乐谷旅游公司

深圳锦绣中华发展有限公司

深圳华昱投资开发（集团）股份有限公司

深圳科之谷投资有限公司

深圳市投资控股有限公司

深圳市地铁集团有限公司

深圳华大基因研究院

深汕特别合作区投资控股有限公司

吴川市鼎龙置业有限公司

珠海大横琴股份有限公司

珠海城建市政建设有限公司

珠海华发华毓投资建设有限公司

珠海香湾码头有限公司

惠州市水务投资集团有限公司

佛山禅城水乡新城开发建设有限公司

佛山市南海博爱投资建设有限公司

佛山市东平新城开发建设有限公司

佛山市南海大业佳诚投资有限公司

佛山市新城开发建设有限公司

佛山市南海金融高新区投资控股有限公司

佛山市中心组团新城区路桥建设有限公司

广东省龙光（集团）有限公司

广东瑞山高新农业生态园股份有限公司

广西巴马华昱投资有限公司

广东南粤集团建设有限公司

海丰田园沐歌温泉旅游度假村有限公司

郑州航空港汇港发展有限公司

宁波雅戈尔置业有限公司

北海银滩开发投资股份有限公司

吉林省长白山开发建设集团有限责任公司

民发实业集团（广西）房地产开发有限公司

中粮地产（集团）股份有限公司

无锡红豆置业有限公司

国家开发银行股份有限公司海南省分行

海口首创海岸投资建设有限公司

中国人民解放军总医院海南分院工程建设指挥部

济南西城投资开发集团有限公司

济南玉符河建设管理有限公司

烟台大南山旅游开发有限公司

绵阳市投资控股(集团)有限公司

攀枝花市城市建设投资经营有限公司

平顶市西部投资建设开发公司

厦门泉舜集团洛阳置业有限公司

厦门市游泳协会

厦门市住宅建设总公司

厦门海投房地产有限公司

山西省人民政府机关事务管理局工程处栖贤阁迎宾

馆维修改造工程指挥部

武汉市土地利用和城市空间规划研究中心

西安世园投资（集团）有限公司

新疆水利水土保持技术推广中心

新疆天山野生动物园

重庆北部新区农林水利管理所

中林生态（微山）建设开发有限公司

美国SWA Group

Lee+Mundwiler Architects, Inc

Betcke jarosch landschaftsarchitektur GmbH

Ama Architecture法国阿玛建筑设计事务所

Plasma Studio

香港泛亚环境有限公司

北京普玛建筑设计咨询有限公司

北京城建设计发展集团股份有限公司

北京城建设计院总院有限责任公司

北京市建筑设计研究院

中国城市规划设计研究院深圳分院

香港华艺设计顾问（深圳）有限公司

深圳华森建筑与工程设计顾问有限公司

深圳市城市规划设计研究院

深圳市建筑设计总院

深圳市水务规划设计院

深圳市蕾奥城市规划设计咨询有限公司

深圳市陈世民建筑设计事务所有限公司

深圳市城市交通规划设计研究中心有限公司

深圳市宝安规划设计院

深圳市广汇源水利勘测设计有限公司

中国市政工程西南设计研究院深圳分院

中国市政工程东北设计研究院深圳分院

广州地铁设计研究院有限公司

珠海市规划设计研究院

武汉市园林建筑规划设计研究院

厦门市城市规划设计院

《中国园林》杂志社

《风景园林》杂志社

2014～2015年员工名录

（按姓氏笔画排序）

丁 蓓	王国栋	白梅军	刘洪云	李龙剑	杨政华	张 君
于 晗	王建华	邝守廉	刘晓明	李叶民	杨凌遂	张 明
万 芸	王晓盼	邝嘉儒	刘萌萌	李必秀	杨海军	张 珍
万凤群	王雯煜	冯 杰	刘雅静	李永汉	杨维佳	张 玲
万学文	王辉平	冯祖裕	刘静雅	李亚刚	来亚锋	张 莎
千 茜	王德敬	冯景环	闫 石	李有栋	肖 辉	张 琳
马 良	王耀建	兰华娣	闫 莉	李兵兵	肖红涛	张 骞
马义虎	毛擎稷	宁旨文	江 凯	李妍汀	肖祎芃	张 懿
马怡馨	文 桦	邢广兰	池慧敏	李坤峰	肖洁舒	张文梅
王 一	方 昕	邢路平	许为儒	李其霖	吴 凤	张心怡
王 卉	方拥生	毕文龙	许初元	李若男	吴 茜	张旭辉
王 吟	孔令玉	吕春燕	许珂宁	李英贺	吴庆贤	张丽娴
王 钊	邓 炜	朱鹏珲	许喜心	李林蔚	吴应刚	张国烨
王 昆	邓 涵	华 倩	孙 丽	李国辉	吴逸青	张忠伟
王 昕	邓 滔	庄 荣	孙力科	李明键	吴棠盾	张建霖
王 欣	邓育英	刘 冰	孙梦婷	李忠雪	吴璂玥	张娅楠
王 威	艾冠亮	刘 灿	孙雯然	李忠辉	邱文燕	张晓昱
王 真	古俊东	刘 轶	严 蓓	李玲奕	何 昉	张晓哲
王 涛	左荣建	刘 星	严廷平	李俊杰	何 倩	张继良
王 维	石晓萍	刘 康	杜婉秋	李健炳	何 璇	张彩莲
王 微	龙飞军	刘 斌	李 东	李祥峰	何凤臣	张智莉
王 煜	龙满华	刘 燕	李 冲	李淑娴	何桃艳	陆 瑶
王 翠	卢 莉	刘子明	李 远	李绪华	何晏平	陆瑞祥
王子乐	卢建晖	刘子强	李 武	李慨慷	余 伟	陈 坚
王文韬	叶 枫	刘吉燕	李 明	李颖怡	余雄军	陈 果
王予婧	叶 雪	刘伟锋	李 贺	李翠筠	余湘雯	陈 欣
王冬丽	叶 旋	刘宇昌	李 勇	李燕娜	余锦刚	陈 姣
王永喜	叶 清	刘志升	李 瑜	杨 恒	邹小云	陈 强
王竹君	叶永辉	刘志伟	李 静	杨 莹	闵贤斌	陈 婷
王宇康	叶蕴琦	刘丽婷	李 慧	杨 真	汪智宏	陈 蕾
王守先	申 轶	刘利祥	李 聪	杨 理	沈子明	陈 巍
王志雄	申亚楠	刘岸语	李 鑫	杨 攀	沈友利	陈丹平
王丽平	田丽媛	刘育勋	李 垚	杨如轩	沈校宇	陈艾扬
王劲韬	丘文平	刘宝平	李辉（女）	杨和平	宋 毅	陈仔文
王招林	丘桂森	刘思琪	李辉（男）	杨诗冬	宋政贤	陈冬娜
王杰晴	付振勇	刘彦威	李卫芳	杨春梅	宋燕召	陈永清

陈亚平	易永锋	孟建华	倪　明	黄飞奔	章锡龙	曾德发
陈伟健	罗　伟	项跃武	徐　艳	黄文娟	梁　宵	谢　玲
陈宇靖	罗　奕	赵　晗	徐　皓	黄玉珑	梁　焱	谢　超
陈秀芹	罗小勇	赵　静	徐　溪	黄伟民	梁仕然	谢志贤
陈宏民	罗少婉	赵伟康	徐　蕾	黄伟雄	梁立雨	谢姣姝
陈君文	罗丽香	赵植锌	徐月英	黄任之	梁华巨	谢晓蓉
陈林根	罗慧男	赵新周	徐兴宽	黄向科	梁倩倩	谢群芳
陈怡坚	金长欣	胡　炜	徐建成	黄守科	梁乾琛	蒲虹宇
陈建生	金星星	胡　婧	徐剑琳	黄志达	寇　戬	赖积林
陈细曼	金锦大	胡小波	殷　源	黄志楠	谌杰林	雷　龙
陈泉英	周　飞	胡金豆	卿贝贝	黄丽莹	彭　旭	雷彭江
陈奕载	周　忆	胡姿燕	凌正伟	黄秀丽	彭　芳	雷雁南
陈海鹏	周　红	胡晓婷	凌自苇	黄宏喜	彭　禹	路　遥
陈菁珏	周　涛	钟宁英	栾　毅	黄君善	董　旭	蔡　锐
陈敬义	周　静	钟德和	高　杨	黄明庆	董文秀	蔡东汉
陈道灵	周　旗	段雪星	高　岩	黄明国	董心莹	蔡坍坍
陈新香	周　璇	侯灵梅	高　炜	黄明贵	蒋　烨	蔡迪惠
邵　迪	周小芬	侯松岩	高若飞	黄哲淏	蒋华平	蔡锦淮
邵雅萍	周亿勋	俞妍博	郭　波	黄清平	蒋诗超	裴增锋
拓学基	周西显	洪　玮	郭　强	黄维洁	蒋哲颖	管　文
范少武	周廷春	洪晓煜	郭荣发	黄琦光	粟　玺	谭袁媛
范雨薇	周志杰	洪琳燕	唐　彦	黄静丹	景　光	翟盼盼
林　亨	周昭宜	祝思圆	唐伟华	黄霄峰	锁　秀	熊一鹏
林　娟	周晓瑜	费铁成	唐彦峰	梅　杨	程尔喜	熊发林
林　嵘	周晓磊	秦紫桐	唐跃琳	梅泽华	稂　平	黎业森
林　蔚	周婉玲	耿　欣	唐韵雅	曹　婷	稂小月	黎鉴锋
林广思	京文凤	莫声伍	谈成成	曹小娅	傅　瑞	潘正泉
林月媚	於诗雨	贾远方	陶少军	曹青女	傅范宇	霍晓娜
林玉明	郑文科	夏　宇	黄　丹	曹剑辉	焦　石	魏　伟
林晓晨	郑运辉	夏　兵	黄　玉	龚　明	童宇辰	
林敏洪	郑建汀	夏　媛	黄　赛	盛秋梧	曾　晃	
欧映峡	郑贵培	夏儒波	黄一峰	常　婷	曾雨竹	
欧阳靖源	孟令旗	钱攀才	黄小华	章健玲	曾晶晶	

图书在版编目(CIP)数据

深圳·园林设计廿年(实践篇)/何昉主编. —北京:中国城市出版社,2016.10
ISBN 978-7-5074-3091-2

Ⅰ. ① 深… Ⅱ. ① 何… Ⅲ. ① 园林设计-研究-深圳
Ⅳ. ① TU986.2

中国版本图书馆CIP数据核字(2016)第262483号

责任编辑:杜 洁 付 娇 兰丽婷
版式设计:锋尚设计
责任校对:王宇枢 焦 乐

深圳·园林设计廿年(实践篇)
何昉 主编
*
中国城市出版社出版、发行(北京海淀三里河路9号)
各地新华书店、建筑书店经销
北京锋尚制版有限公司制版
北京京华铭诚工贸有限公司印刷
*
开本:880×1230毫米 1/16 印张:22 字数:672千字
2016年10月第一版 2016年10月第一次印刷
定价:238.00元
ISBN 978-7-5074-3091-2
(904031)